Springer New York

Hans-Jürgen Möller
und Norbert Müller (Hrsg.)

Aktuelle Aspekte der Pathogenese
und Therapie der Schizophrenie

SpringerWienNewYork

Prof. Dr. H.-J. Möller
Prof. Dr. N. Müller
Klinik und Poliklinik für Psychiatrie und Psychotherapie-Innenstadt
Klinikum der Universität München
Nußbaumstraße 7, 80336 München
Deutschland

SpringerWienNewYork ist ein Unternehmen von Springer Science+Business Media
springer.at

Die Wiedergabe von Gebrauchsnamen, Handelsnamen, Warenbezeichnungen usw. in
diesem Buch berechtigt auch ohne besondere Kennzeichnung nicht zu der Annahme,
dass solche Namen im Sinne der Warenzeichen- und Markenschutz-Gesetzgebung als frei
zu betrachten wären und daher von jedermann benutzt werden dürften. Produkthaftung:
Sämtliche Angaben in diesem Fachbuch/wissenschaftlichen Werk erfolgen trotz sorgfälti-
ger Bearbeitung und Kontrolle ohne Gewähr. Insbesondere Angaben über Dosierungs-
anweisungen und Applikationsformen müssen vom jeweiligen Anwender im Einzelfall
anhand anderer Literaturstellen auf ihre Richtigkeit überprüft werden. Eine Haftung des
Autors oder des Verlages aus dem Inhalt dieses Werkes ist ausgeschlossen.

Satz: Datenkonvertierung durch Grafik Rödl, 2486 Pottendorf, Österreich
Druck: Holzhausen Druck & Medien Ges.m.b.H., 1140 Wien, Österreich

Gedruckt auf säurefreiem, chlorfrei gebleichtem Papier – TCF
SPIN: 11543428

Bibliografische Information Der Deutschen Bibliothek
Die Deutsche Bibliothek verzeichnet diese Publikation in der
Deutschen Nationalbibliografie; detaillierte bibliografische Daten sind im Internet
über <http://dnb.ddb.de> abrufbar.

Mit zahlreichen Abbildungen

ISBN-10 3-211-29043-5 SpringerWienNewYork
ISBN-13 978-3-211-29043-9 SpringerWienNewYork

Vorwort

Am 7. November 1904 wurde der Neubau der „Königlich-Psychiatrischen Klinik in München" von E. Kraepelin als eigenständige Psychiatrische Universitätsklinik feierlich eröffnet. Vom 4. bis 6. November 2004 fanden die Feierlichkeiten zum 100-jährigen Klinikjubiläum statt. Bekannte Namen wie Bernhard von Gudden, Emil Kraepelin, Franz Nissl und Alois Alzheimer waren Pioniere des Faches, die an der Psychiatrischen Klinik der Universität München geforscht und mit ihren Entdeckungen die Grundlagen für die nachfolgende Entwicklung des Fachs im Allgemeinen, aber auch für die Schizophrenie-Forschung gelegt haben.

Besonders Emil Kraepelin, der von 1904 bis zu seiner Emeritierung im Jahre 1922 Direktor der Psychiatrischen Universitätsklinik in München war, beschäftigte sich intensiv mit Verlaufsaspekten der Schizophrenie, ein wesentlicher Gesichtspunkt von Kraepelins Konzept der „Dementia praecox" ist vor allem der Langzeitverlauf, der bei dieser Patientengruppe ungünstig ist.

In der Tradition der Kraepelin'schen Forschung stehen neben Verlaufsuntersuchungen vor allem biologisch-psychiatrische Themen wie Genetik, hirnstrukturelle Untersuchungen, aber auch der Akut- und Langzeittherapie bei Schizophrenie. Diese Themen wurden von führenden, schwerpunktmäßig deutschsprachigen Forschern auf dem Symposium vertreten und finden sich in diesem Band wieder.

Der vorliegende Band fasst die Beiträge des Symposiums „Aktuelle Aspekte der Pathogenese und Therapie der Schizophrenie" zusammen und gibt einen breit gefächerten Überblick über aktuelle Fragestellungen zur Schizophrenie von Grundlagenforschung bis zu praktisch-therapeutischen Gesichtspunkten. Die Herausgeber hoffen, dass der Band auf ebenso reges Interesse stößt wie die Symposiumsbeiträge bei der 100-Jahr-Feier.

Wir danken der Firma Janssen Cilag für die großzügige Unterstützung, die das Erscheinen des Buches erst ermöglichte, und Frau Karin Koelbert, die die Herausgeber sowohl bei der Organisation des Symposiums als auch bei der Vorbereitung des vorliegenden Bandes tatkräftig unterstützte.

München, im Herbst 2005

Hans-Jürgen Möller
Norbert Müller

Inhaltsverzeichnis

López-Ibor, J. J. Jr.: Kraepelin and the new trends in psychiatric
nosology   1

Marneros, A.: Syndromale Brücke zwischen affektiven und
schizophrenen Erkrankungen 21

Klosterkötter, J., Schultze-Lutter, F., Ruhrmann, S.: Früherkennung
und Frühintervention im initialen Prodrom vor der psychotischen
Erstmanifestation 29

Bottlender, R., Möller, H.-J.: Verlaufsuntersuchungen zur
Schizophrenie 43
. . . . 43
Meisenzahl, E. M., Möller, H.-J.: Bildgebende Verfahren in der
Schizophrenieforschung 55

Maier, W.: Aktuelle Aspekte genetischer Forschung bei
Schizophrenie 69

Falkai, P.: Das Konzept der Entwicklungsstörung in der
Schizophrenie-Forschung 81

Müller, N., Schwarz, M. J.: Schizophrenie, Entzündung und
glutamaterge Neurotransmission: ein pathophysiologisches Modell . . . 93

Ackenheil, M.: Die Rolle der Pharmakogenetik/-genomic für die
Behandlung der Schizophrenie 125

Gaebel, W., Riesbeck, M.: Aktuelle Aspekte der Langzeittherapie
bei Schizophrenie 133

Kraepelin and the new trends in psychiatric nosology

J. J. López-Ibor Jr.

Institute of Psychiatry and Mental Health, San Carlos Hospital, Complutense University, Madrid, Spain

Dissatisfaction with psychiatric classifications

Contrary to what is common in other medical specialties, nosology is a main and constant concern of psychiatry. Furthermore, there is a constant return to a few set of paradigms, each of them characterizing a period of history. This has lead in recent times to a deception with present classification systems, that is to say, with the ones based on the approaches introduced DSM-III (APA 1980).

But this is not new. The father of the way how mental diseases are concieved and classifiyed today, Emil Kraepelin (1920) himself in his last publication, ecoes this disenchantment. He states:

> The method applied up to now to delimit forms of illnesses taking into account the cause, the manifestations, the course and the outcome, as well as the postmortem findings, has worn itself out and is not anymore satisfactory; new ways should be pursued.

In this paper, Krapelin abandons his former principles and yields to Hoche's (1912) proposal, which is based on a functional approach to define and classify psychiatric disorders.

At present, there is the conviction that the efforts to develop a nosology based on clinical description, laboratory studies, natural history of illness and familial aggregation have not converged to yield a system consisting on valid disease entities (Hyman 2002). On the other hand, the usefulness of this strategy is questionable as there is a poor correlation between diagnosis, treatment and outcome and it has an important transcultural weakness (López-Ibor 2003).

Jensen and Hoagwood (1997) have listed the constraints of current classifications: Current systems fail to address the complex nature of persons' transactions within and adaptation to difficult environments. Misdiagnosis is likely, particularly when diagnostic criteria are applied to people in non clinical settings, specially in the case of children and adolescents. They also point out the need to include evolutionary theory, knowledge on normal and abnormal human development and psychopathology.

According to Parshall and Priest (1993):

Even if the pursuit of methodological purity is abandoned, the two broad approaches to the classification problem currently available -on the one hand the more numerical, and on the other the more categorical- fail. They are doomed to failure because of the nature of the data they attempt to classify. On top of all other problems, the former (numerical) methods fail because the characteristics of psychiatric diseased are not easily measured, and the latter (boxing) fall down because of the conspicuous overlap between adjacent categories.

For Jablensky (1981), the multidimensional approach is indicated by the observation of Kraepelin (1899) on the functional psychoses, but as 1) as we cannot distinguish satisfactorily between schizophrenia and manic-depressive disorder we must suspect that our formulation of the problem is incorrect; 2) schizoprenia and manic-depressive disorder may actually represent general human psychological problems operating in combination with pathological changes and are thus only two among many possible "registers" of psychopathology and 3) the symptoms of schizophrenia are not unique to this disease, and may be continuous with normal psychological symptoms.

The schisms in psychiatric nosology

Nowhere in the rest of medicine there are such different perspectives as the ones of the so called splitters and lumpers. The first group is represented by the concept of unique-psychosis (*Einheitspsychose*), and authors like Griesinger (1872) and Janzarik (1968). In Spain, Llopis (1959) studied the psychiatric disorders secondary to pellagra after the 1936–39 Spanish Civil War, and described how, depending of the severity and time of duration of the vitamine deficiency, the same patient could undergo through all of the different psychiatric nosological entities, from neurasthenic disturbances to irreversible dementia.

Another big schism in psychiatric nosology is represented by generalisation vs. individualisation. Schizophrenia was descibed by Kraepelin as a nosological entity, taking a strong natural scientific perspective, while other auhors descibed more the personal aspects of the disease, what in historical sciences is refered to as the principle of the individual above the generality of the law. Starting already with Eugen Bleuler (1911), authors representing the so called anthropological psychiatry, like Eugene Minkowski (1927, 2002), Binswanger (1951), Zutt (1958, 1974) and others concieved this disease as a way of being, as a characteristic way of being and a specific opening to the world. Latter Burton and López Ibor (1974) concieved schizophrenia as a life style.

The philosophy of psychiatric nosology

There are two trends within philosophy of knowledge analysed by Gadamer (1990), positivism and hermeneutic knowledge. The first entails understanding the facts of the world, while hermeneutic knowledge entails subjective understanding.

In positivism, scientists gather the data of the world, and hypothesize invariate relationships, or laws, between these data. Concerning language, meaning is the same as verification, data are theory-neutral, explanations take the form of theorems, which involve deductive-nomological systems and the test of truth is the correspondence between theory and data.

In hermeneutics, knowledge ultimately entails subjective understanding. Scientists develop models and paradigms and so are able to communicate their subjective experience with each other. Concerning language, meaning is an intersubjective construction that allows ordered communication, data are theory-laden and explanations address agency and intentionality, they are interpretations, theories are instruments and only their utility (not their truth or falsehood) can be assessed and truth is the promise of rational consensus.

Recently Bhaskar (1994) has proposed a synthesis: in transitive knowledge science is created by people using interdisciplinary models, while intransitive science provides a knowledge of entities in the world and the mechanisms were by they generate the phenomena of the World.

Categorical vs. dimensional approaches

The categorical aproach goes back to Plato and in psychiatry is represented by Hoche (1912) who described the Grundsymptomen (basic symptoms) of psychiatric disorders. Thedimensional perspective goes back to Hippocrates, and is represented by Spearman.

Several authors have described psychiatric nosology as evolving in stages leading each time to models more scientific and more relevant for clinical practice. In my opinion, this is not so. Psychiatric nosology for the last two hundert years has been turning around a set of models, comming back once and again to each one of them and never been able to get rid of any of them. Ban (1990) has described them in a chronological order: 1) syndrome based (i.e. Falret 1854); 2) disease oriented (i.e. Kahlbaum 1860, Kraepelin 1899) and 3) pattern-based (i.e. Leonhard 1995).

Leonhards approach has a strong functional component. It follows Wenicke (*Grundriss der Psychiatrie*, 1900) concept of psychic reflex, which has strong relations with the neurology of Jackson, based on the different functions of the different parts of the nervous system organized in a hierarchichal way and at the same time with a strong evolutionsry perspective. In this context Leonhard stressed the importance of formal characteristics and of psychopathological descriptions relevant to the different functional stages.

Dualism is in psychopathology

Dualism is at the core of psychopathology. This dichotomy is described by Griesinger (1872) in the following way:

Mental medicine has to be cultivated like a branch of the pathology of the brain and the nervous system in general and has to apply serious diagnostic methods used in all branches of medicine. In order to become a good alienist one has to know in depth, before anything, the whole of general medicine and specially the illnesses of the nervous system.

Besides this purely medical element, mental medicine is provided with another essential element which grants this art of healing with an own and special character; it is the psychological study of the aberrations of inteligence observed in mental illnesses. Physiological psychology, a pure science of observation, that makes us recognize in the sane or morbid psychic functions the same order of facts (…), these two elements that, I repeat, have the same importance for psychiatry.

The radical separation between mental-brain illnesses and the "aberrations of intelligence", is the basis of modern psychopathology. From then on psychiatry developed in a dualistic way. Kurt Schneider (1967) describes the basic forms of psychiatric disorders, separating the "real" diseases, those due to brain illnesses or malformations, from the variations of tne way of being (neurotic and personality disorders), being statistical extremes of normality, loaded with suffering. The latter are illnesses only in a metaphorical way, although, for forensic purposes they suold be considred "as if" diseases (Kranz 1936). But Griesingers' perspective could have lead to a more modern one. The issue is not to differentiate brain diseases from morbid ways of being, but to consider the psychological aspects of psychosis and the biological ones of neurotic and personality disoders.

The background of psychiatric classifications

Mental disorders can be classified, according to Pichot (1983, 1996) in four different ways taking into account: 1) their symptoms; 2) the underlying brain abnormalities; 3) the course; and 4) their pathogenesis. Another important criteria is the response to treatment.

Symptomatic classifications

The first approach, symptomatic, was introduced by Pinel (1842) and his disciple Esquirol (1816). This kind of classification has many advantages: it is atheoretical, close to clinical reality, easy to grasp and less prone to untested hypothesis. It also has a "cleansing" effect leading to a return to the sources of the description of the disorders and it allows a common language. But they have some drawbacks, as they do not say what diseases are, as the concept of symptom is not totally clear in psychiatry. The greatest disadvantage of this approach is the dispersion of disorders that may be related or even unique. Furthermore, sometimes too many symptoms are present this method requires a hierarchical structure (as in DSM-III, APA 1980) unless one is willing to live with multiple diagnoses, the so called co-morbidity (as in DSM-IV, APA 1993), which are useful for the retrieving of information and for future research. But other times, too few symptoms are present leading to atypical, waste basket categories and subsyndromal categories. Even worst, sometimes no symptoms are present, as in the *manie sans délire* (Pinel 1842), in simple schizophrenia. Another problem is that symptoms may not be consistent across cultures, therefore leading to the need of cultural adaptations.

But there is a fundamental insuffuency of present symptomatic classifications. The concept of symptoms expressed by patients and of signs evoked by
the physician in the examination is the base of this model. Symptoms refer to,
so to say, underlying events, signs originally refereed to prognosis. In psychiatry, signs and symptoms are equivalent, as both come to light in the clinical
interview between patient and doctor. This double parallel model fits with K.
Schneider's concept of psychoses, but not with the variations of psychic mode
of being (neurotic and personality disorders), that is why they were considered
by K. Schneider as metaphors of diseases. It is not only the fact that there is an
absence of a brain defect or morbid condition, as K. Schneider himself states,
but beyond this, the clinical (nosological) model, born in the late 18th Century
and based the *empirical or parallel dualism* cannot be easily applied to it. All this
makes the clinical situation uneasy for doctors, patients and other instances.
For instance, the moral hazard has been quoted as a difficulty for the reim-
bursement of psychiatric diseases. More hazard is an expression of the insur-
ance business to describe the proportion of cheating involved in claims, which
leads to an increase in premiums.

Pathological variations of the psychic model of being are defined by the
presence of suffering, again *Pathos,* which is what makes those who suffer them
to consult with a physician.

Let's look into the concept of symptoms. Following Schneider (1967), they
are a sign of an illness, graspable allusion of an illness and they lead the way to
know the illness. Unfortunately, the medical concept of symptoms applies only
to organic psychosis (i.e. dementia is a symptom of a brain disorder) and
essentially all organic psychosis are symptomatic psychosis.

First rank symptoms of schizophrenia are not fundamental symptoms, that
is to say, they do not lead to the knowledge of the disease, although this strict
perspective of Schneider has been challenged, as some are alterations of the
self-word barrier (Wyrsch 1956, López Ibor 1957). Some are not, such as the
abnormalities of perception or the delusional perception, but several authors
have defended that all may represent a more basic alteration, (i.e. *Entstehung,
Entgrenzung und Überwältigung,* lit, Origin, Delimitation and Overcoming, Zutt
1958). Nevertheless, they are characteristic for the state, not for the course
(first rank symptoms are not useful for prognosis, Ruckdeschel 1957), some-
thing peculiar for a disease which basically was descried by Kraepelin (1899)
for its particular outcome.

For Schneider, endogenous psychosis, are more or less characteristic traits
of a clinical state and a course psychopathologically described, but a psychopathological set is not a disease able to produce symptoms. Therefore, symptoms in endogenous psychosis (i.e., thought insertion) are not a symptoms but
important traits commonly accepted, or phenomena (Hofer 1954, Tellenbach
1976).

Such an important manifestations of mental disorders as delusion, can not
be considered as specific fror anything. According to Hillman (1987), the
process of thought in delusion is not different from the normal process of
thinking. The delusional individual builds his world and fills it with meanings
the same way as the ordinary person does.The difference is in the individual

who is delusional. In a simmilar way, for Ey (1996), the hallucinations do not exist, what exists is the person hallucinating.

For K. Schneider (1967) delusional intuition has less diagnostic significance (second rank symptom) because it has a single arm. But, the descriptions of John Nash (Nash 1999, Nassar 1998) on his delusional intuition also lead to the conclusion that they are not specific of tne psychopathology of schizophrenia. In his own words: *The ideas I had about supernatural beings came to me the same way that my mathematical ideas did. So I took them seriously.*

The study of the creativity of artists with schizophrenia leads to the same conclusions: the difference is in the attitude of the author to his/her work (Blankenburg 1965)

Classifications based on brain pathology

Classifications based on brain pathology were introduced by Bayle who described the *arachnitis chronique* of patients who died because of a general paresis of the insane.

They have important advantages as they follow the traditional medical model. But, their greatest disadvantages are the lack of sufficient knowledge, the fact that several mental disorders may have the same specific brain pathology and that others may not present nothing different from what it is to be found in normal conditions.

But this approach has also fundamental insufficiencies. For decades ther was the notion that the progress of neurobiology could at the end explain psychological problems, and that the progress of psychology would led to clarify social factors. Today we now that biological and social interventions can produce changes in brain function. Baxter et al. (1992) have shown that tha characteristic findings in PET studies in OCD are reverted in patients who respond to treatment, pharmacological or behaviourly oriented, but remain unchanged in non responders to either treatment. Sapolsky (1990), in a series of very elegant research has shown in baboons that the rank of the monkey in the hierarcy is responsible for the secretion pattern of cortisol and testosterone and for the response to stress, and not the oposite around.

Classifications based on the course

The classifications based on the course were also introduced by Bayle because he not only described the movement and psychological symptoms of the paresis of the insane, but also three stages in its evolution (*délire monomaniaque, délire maniaque, démence*). The same method applied by Kahlbaum (1860) and paved the way for Kraepelin's (1899) nosology. This approach is totally opposed to the symptomatic. Their advantage is that it describes the natural history of the disease and natural history and outcome differentiates well different diseases (Kraepelin). Their drawbacks are that the outcome may not be clear in the firsts period of the evolution and that the disease does not follow the full course in some patients (*forme frustrées*, Charcot), and of mixed atypical or "in-between" disorders so well described by Scandinavian psychiatry.

Pathogenic classifications

The fourth model is pathogenic: A single cause explains the whole realm of nosology according to the degree of intensity of its presence. Morel (1857) was the first to propose it with his notion of "dégénerescence" (*Théorie des dégeneres-cences*) which lead to the concept of endogenous disorders. Psychoanalysis is also a good example of this kind of thought. Its advantages are that such a nosology is a good basis for the research of the pathogenic, (psychological or somatic) of the disorders and allow to develop therapeutic interventions (i.e., *serotonin system related diseases*).

Classifications based on the pathogenics and on the course have had, up to now some drawbacks, which should be considered together because it is in the course and outcome where pathogenics is better manifested. Here, the two main drawbacks are the lack of sufficient scientific data and the fact that this perspective very often colides with traditional medical classificatory principles. But we have to accept that along time the manifestations of diseases change. Table 1 and Fig. 1 show the evolution of 102 patients followed during 30 years. The reason for the first contact (index episode) was an anxiety disorder (either panic disorder or generalized anxiety disorder). It is evident that along their life they presented symptoms of very different psychiatric disorders.

Table 1. The natural history of panic disorder and generalized anxiety disorder (20 year follow up of 102 patients, López-Ibor 1985)

Index episode	Panic disorder (n = 72)	Generalized anxiety (n = 30)
Separation anxiety in childhood	54%	20%
Social phobia	12,5%	10%
Uncomplicated panic attacks	90.3%	–
Panic attacks with limited phobic avoidance	40.3%	–
Generalized anxiety disorder	40.3%	100%
Somatoform disorder	60%	67%
Hypochondriasis	45.8%	25%
Major depression	72%	27%
Major depression with melancholia	32%	–
Dysthimic disorder	7%	–
Alcohol abuse	8%	–
"Chronic somatic complainers"	48.6%	50%

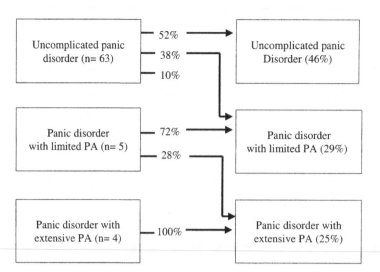

Fig. 1. The natural history of panic disorder and generalized anxiety disorder (20 year follow up of 102 patients, López-Ibor 1985)

Other approaches

A fifth approach can be added, which is therapeutic. The concept of melancholia in DSM-III (APA 1980) is a good example, and lithium has influenced the boundaries of bipolar disorders, the MAOI the notion of atypical depressions, the neuroleptics the differentiation of positive and negative symptoms of schizophrenia and the tricyclic antidepressants and the triazolobenzodiazepines the isolation of panic disorders.

No diagnostic system is pure, and several approaches coincide in various ones according, not only to their general philosophy, but more important, to the specific kind of disorder being considered.

The theory of classification in medicine and psychiatry

To clasiffy is the act or method of distributing beings into groups, classes or families. It has been defined as the **systematic arrangement** or method of arrangements of animals and plants in groups or categories according to a definite plan or in a definite sequence.

The systematic arrangement can be done either morphologically or evolutionary. In earlier practice it was assumed that static **morphological** relationships among the various groups existed, and so typically broadly inclusive categories were produced. In modern practice the dynamic **evolutionary** quality of biological relationships are recognised, specifically with the aid of psychology, ecology and cytogenetics. Those sciences analyse the underlying relations producing an ever-increasing subdivision of categories into groups expressive of natural relationships.

To classify is also to group or segregate in classes or categories that have systematic relations usually founded on common properties or characters. Class comes from the Latin *classis* 'men called to arm', and this from *calare* 'to call'. To classify is to summon one group usually society-wide grouping of people according to social status, political or economic similarities or interests or way of life in common. The world category comes from the Ancient Greek *katēgoria*; *katēgorein*, 'to acuse, affirm, predicate'; *kata* 'cata' plus *agorein* 'to speak publicly'. In both cases, the differences are laid on by the observer and do not belong to the being having been classified.

Marchais in 1966, well before the foundations of modern nosology were laid described the process of nosology. Facing an undetermined group of disorders the nosologist tries to isolate of better defined pictures with a growing precission based on the course and the etiology, but then criticism arise when data is not confirmed in clinical settings.

Abely, also long ago (1966) wrote on the need to keep a low profile on psychiatric nososgy.

La nosologie n'est qu'une science qui tente de mettre un peu d'ordere parmi les données un peu disparates de l'observation, qui essaye de regrouper d'une façon un peu plus cohérente les symptômes, les syndromes et les maladies, sans autre prétention que de rechercher un moyen acceptable et toujours imparfait de rassembler quelques tableaux assez identiques. Elle n'a pas d'autre ambition que de diriger la séméiologie vers de méthodes d'investigation de plus en plus précises, tout en évitant la dispersion. "Ce que n'est pas clair n'est pas français"; sans doute prétendent-ils à l'exotisme. D'autres sont éblouis par le prestige de l'ésotérisme; ils veulent ignorer cette opinion de Voltaire: "Tout vers, toute phrase qui a besoin d'explication ne mérite pas qu'on l'explique." D'autres encore croient traduire fidèlement la complexité des pathogénies par l'obscurité des commentaires: "A force de vouloir tout expliquer, écrivait Jules Renard, on ne comprend plus rien."

To be atheoretical, at least in theory

DSM-III (APA 1980), claimed to be atheoretical, although it is based on a strong logical empirism (Sedler 1994), based on operational criteria, external validation and it is a biological based model (Follete and Houts 1996) or better said, better medical model. It is atheoretical in regards to etiology, but it should not be (Frances et al. 1981) as it should include and include psychodynamics. It bears too little taxonomy

There are a few dangers in being atheoretical: the proliferation of categories, the need to reduce the number of categories by an organising theory that describes the fundamental principles underlying the taxonomy (Follete and Hoults 1996). Theoretical driven categories should compete on how successful they are achieving their goals (incl. iluminating etiology, course and response to treatment).

New trends (and hopes)

Dilling (1998) hopes that future nosological systems will include etiology, allow for a dimensional diagnosis, will be multiaxial, and that a single classification international will exist. To this whishes several others shoul be added: a single classification for different purposes and users, able to predict outcome and to include dysfunctions, therefore allowing better intervention strategies.

New opportunities arise from the better understanding the determinants of disease risk (genetic, environmental – early or current -), the advances in neuroscience (neural circuitry in mental activity), the cosideration of the boundaries and overlaps of normality and disease states, tha convergence of different disciplines, research in cognitive psychology and psychopathology, evolutionary psychology and psychiatry and stress research and psycho-neuro-immuno-endocrinology.

Linkage pedigree studies

They look for regions of the genome with a higher than expected number of shared alleles among affected individuals within a family. They are useful to detect high-risk alleles in rare diseases (single-gene rare diseases: cystic fibrosis), due to high (>50%) PAF[1]. But they are not useful in modest-risk alleles in common diseases. Therefore many studies have not been replicated and many "suggestive" linkage studies have not identified the underlying defect.

For instance, in Alzheimer disease there are 150 high-risk alleles in 3 genes (PS1, PS2 and APP) involved and the combined PAF is 5% for all cases of disease. Apoe4 gene is a modest-risk gene in late onsed AD, has a PAF > 20%, which is higher than all high risk alleles combined.

He search of common modest-risk variants in common diseases will throw light on new pathogenetic factors, which is important in diseases of high public health impact (hypertension, diabetes, allergies, mental disorders). They are easier to identify, but they require new tools for research: i.e. high density genetic maps for whole-genome analysis (association analysis), epistasis (epistatic interaction), which the influence of the phenotypic expression, or of a gene by another gene, measured by the statystical interaction between multiple loci. i.e.: for 600.000 tagSNPs and 10 environmental variables, 10^{11} possible gene-gene interactions there are 6.10^6 possible gene-environmental interactions.

Functional approaches to classification

In *Die Erscheinungsformen des Irreseins*, Kraepelin (1920) takes a new perspective which, by being functional, is very modern. First, he stresses the importance of pathogenic factors for nosology, mentioning the following: abnormal development of the emotional personality, comparative psychiatry, sex, age and development, national habits, personal habits and hereditary factors.

WHO's (1948) definition of health goes far beyond the simple medical model when considering illnesses: health is not only the absence of illness but a status of physical, psychological and social wellbeing. Even this ambitious

---

[1] PAF (population attributable fraction): % of the illness that would be eliminated when removing the risk factor

definition has been criticized as too rigid as it uses in its terms the word status. In the early 80's, it was proposed to modify it according to a more dynamic criteria, defining health as the lack as well as the presence of an autonomous, solidary and happy life. Psychological and social wellbeing, autonomous and solidary life that are part of the normal and well functioning of human beings and dissappear in a certain degree in mental illness. Therefore the increasing interest for new classifications to measure and mental disorders and quantify and its consequences with uniforms terms and criteria in a common language.

The International Classification of Functioning, Disability and Health

This is the second and curreent version of the International Classification of Impairment, Disability and Handicaps (WHO 2001).

The ICIDH belongs to the family of classifications established by the WHO to be applied to diverse aspects of the illness and health. Its historical roots are to be found in the need to be able to handle chronic or handicapped patients who in spite of not being in an acute phase asked for attention and did not want to be labelled as ill, since their abilities allowed a certain activity. With this aim a Supplementary Code (named "Y") was included in the 6th and 7th Revision of the ICD (1948 and 1955) which was almost not used and even not published in the 8th Revision. Among the factors that condition the publication are the following: loss of priority of the acute illness in medicine, the increase of chronic illnesses, the social politics in favor of disabled or handicapped persons, the greater leading role the handicapped persons themselves have in the intervention of their own programs and politics of action who aspire not to be marginated in social and professional situations to which they are able to access.

According to Thuriaux (1988), as all great initiatives concerning nomenclature and classification, with the ICIDH it has been tried to obtain a basis which allows to arrange all conceptualization and planning activities in this domain. It is based on related concepts which describe the progression derived from consequences of an illness, which will lead to pathological changes and where later deficiencies, disablement and handicaps may appear. Initially the ICIDH had this lineal scheme; illness may lead to a deficiency, this produces a disablement of abilities and life styles, which at the long term will generate a handicap, that's to say, a lesser value from sides of his/her social/work surrounding or impoverishment. Nowadays it is known that this lineal schema can be inverted and that from a handicap, provoked by adverse situations of the surrounding, disablement may appear and even deficiencies. This is frequent in psychiatry, in the case of a person who has suffered from a more or less transitory mental disorder, is sometimes definitively labelled as "mental patient", this will cause that he will be excluded from social and working activities, that's to say deficiency and at the same time, even, ulterior deficiencies. The same can be said of persons of the old age which live in surrounding in which they are not able to overcome architectonic barriers and progressively disabilities become bigger and acute and a situation of handicap may appear.

Multiaxial classifications

This indeed very complex world has been clarified by a better definition of the personal and social aspects of diseases and by multiaxial classifications. The fact that three elements are always present does not mean that they should fuse into a single one or that they are always present in the same proportion so that each one is a direct consequence of the other. The medical reductionistic model considers only the biological aspects because the rest is either a direct consequence or irrelevant.

Of the multiaxial approaches, the three axes of ICD-10 (Janca et al. 1996 a,b,c) are the best framework to consider reality. Axis I, clinical syndromes, includes all morbid conditions, including personality disorders which are, as we have explained in other parts, *real* disorders, where the nosological model can be perfectly applied. Axis II includes all disablement which are present, but not only as direct consequence of axis I disorders. Axis III is used to describe the environmental conditions which lead, again not always an homogenous direct way, to the appearance or sustaining of axis I disorders (Janca et al. 1996 a, b,c).

The complexity of becoming ill

To become ill is a complex process that cannot be grasped only in biological terms. The so called medical model of diseases is too reductionistic for psychiatry as well as for the rest of medicine. That is why psychiatrists have always

Table 2. The complexity of human sickbeing

Level of functioning	Organ	Person	Social role	Environmental and personal factors
Characteristics	Functioning of the parts of the body	Every day life activities	Implication in the situation	Events
Negative aspects	Deficiency Interference with normal function	Disability Restrictions in the activity	Handicap Restrictions in participation	Barriers
Positive aspects	Functional and structural integrity	Activity	Participation	Facilitators
Defined according	Severity, localization, duration	Degree of dificulty	Degree of limitation	Integration
Personal repercussion	Body experience changes	The meaning of symptoms	Social repercussion	Doctor-patient relationship

been uncomfortable with this model, often turning away from it without considering that one of their tasks was to make the model evolve to be less reductionistic and to include personal and social aspects of becoming ill (Table 2).

The nosology of dysfunctions

The need for classification guiding theory in personality disorders (Millon 2000) and of harmful dysfunction based on (Masten et al. 2002): competence (i.e., the draft of the Mental Health Bill UK 2005) and psychopathology.

Kraepelin (1920) quotes the important difference that Birnbaum (1918) made between *basic disorders* and its *manifestations*.

Then he goes on to describe the manifestations of insanity as follows:

1) Delirium, confusional states (delirious manifestations, Bonhöffer 1912).
2) Paranoid elaboration of life events: paranoia, querulant paranoia, prison psychosis, delusions caused by alcohol and cocaine, dementia praecox, paraphrenia, manic-depressive psychosis, senile paranoia.
3) Morbid manifestations of feelings: manic-depressive psychosis, hysteria, general paresis of the insane, dementia praecox, psychopathies, intoxications.
4) Hysterical manifestations of disease.
5) Abnormal manifestations of instincts (for the survival of the species, for the survival of the individual): oligophrenia, psychopathy, masochistic and sadistic aberrations, pyromania (in relation to homesickness), epilepsy.
6) Schizophrenic manifestations (destruction of the purposeful will): dementia praecox, general paresis of the insane, senile dementia, traumatic diseases of the brain.
7) Hallucinatory manifestations of the speech: schizophrenic-paraphrenic disorders, alcohol induced hallucinations, cocaine insanity, syphilitic brain disease, delusions of persecution of the deaf and imprisoned.
8) Encephalopatic illnesses: damaging diseases of brain tisue, arteriosclerosis, brain syphilis, general paresis of the insane, encephalitis.
9) Oligophrenic manifestations.
10) Spasmodyc manifestations: epilepsy (genuine, associated to alcohol), dementia praecox, general paresis of the insane

Then Kraepelin integrates the manifestations of insanity in three groups:

- **Group I:** Delusional, paranoid, emotional, hysterical and compulsive forms
- **Group II:** Schizophrenic and speech hallucinatory (?) forms
- **Group III:** Encephalopathic, oligophrenic and spasmodyc forms

Wakefield (1992, 1999) has proposed to define disorder as harmful dysfunctions. Dysfunction is a scientific term which indicates the failure of a mental mechanism to perform a natural function for which it was designed by evolution. But harmful is a value loaded term based on social norms.

For Wakefield (1999) and McNally (2001), there is a **factual component** specifying derangement in a naturally-selected function, a factual assertion about the state of a mechanism and a normative assertion implying that the mechanism is not functioning as it ought to be. But there is also a **value component** specifying the resultant harm.

But according to Houts (2001), harmful dysfunction is not value free, as it confounds cause and purpose in a spacious use of evolutionary theory. Evolutionary theory cannot reliably provide standards for when a function is broken. The concept of dysfunction (seriously or rigorously defined) may help to separate what is medical from what not in the domain of mental disorders. In this context, according to Houts (2001), clinicians are cognitively driven to use theories despite of decades of ICD, they give higher weight to central rather peripheral symptoms (Kim et al. 2001), they use the categories, not the content of DSM.

There is an unspoken pre-scientific context of classifications (Roelcke 1997). In Kraepelin's approach, there was an emphasis on empirical research and somatic factors, with a marginalisation of social factors. In Bumke (1924), disorders do not represent qualitative deviations, but quantitative variations of ubiquitous psychological functions caused by multiple somatic, psychological and social factors. In the late Kraepelin and in Adolf Meyer (1951, 1952) there is the notion tha the rection patterns of individuals are pre-existing

Several authors have claimed for a functional psychopathology. Van Praag (1990) has rcommended a two-tier diagnosis: 1) nosological diagnosis and 2) psychological dysfunctions correlated with biological variables.

Intermediate traits or phenotypes

The concept was introduced to overcome the limitations of linkage studies. Heritable quantitative phenotype that is thought to be intermediate in the chain of casualty from genes to disease. Traits to be more directly related to etiological factors than dichotomous diagnostic categories.

Endophenotypes are intermediate traits. Originally they were biochemical traits non measurable in an intact organism. The basis for laboratory research, including animal models of (complex) diseases, including mental disorders

There are some intermediate traits of psychiatric disorder-associated that have been successfully modeled in mice

Cladism

This is a concept introduce by Henning (1966), according to which, taxonomic groups are arranged on the strenght of the relationship to each other rather than to an archetype or boundary. He proposed the existance of different kinds of characteristics, some of them being unique to a given individual, other shared between groups, other seem derived or new and others generalised or primitive.

The characters or nodes are shared derived characteristics.

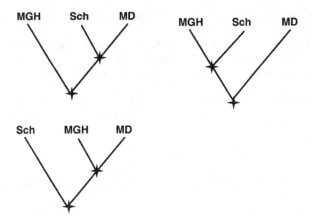

Fig. 2. Three hypothetical cladograms (Parshall and Priest 1993) (*MGH* mental good
health, *Sch* schizophenia, *MD* manic-depressive psychosis, + shared characterisics)

The cladistic approach has some advantages: It is methodologically sound
(avoids difficulties) and most data will not constitute characters (nodes).
Primate classification is a good example of cladistic approach to classification.

Transformed cladogram (*hierarchical*) offer new possibilities for the classification of psychiatric disorders, as it focuses only in the distance between
categories, and does not presuposes the existance f nodes, thet is, of precursors
of the presently defined categories. Foulds (1965) hierarchical approach follows this model: Organic psychoses, schizophrenia, manic depressive psychoses, neuroses.

Parshall and Priest (1993) have published an interisting theoretical paper
on the cladistic approach. For them the nuclear cladistic question is: are the
schizophrenic and depressive psychoses more closely related to each other
than either is to mental health? The answers are contained in three hypothetical cladograms (Fig. 2).

Summary

Psychiatric nosology faces intrinsic and extrinsic difficulties, which should be
aknowledged. The concept of morbid clinical entities is not sufficient as it does
not address the complexities of the problems to be faced, nor the needs of
those affected. May be that the combination of a *late* Kraepelinean (functional
approach) with new genetic strategies (including endophenotypes research)
and cladistic perspectives will relief us from our preocupations

References

Abely P (1966) Has the time come to revise psychiatric nosology? If so, why and how? If not
what must we wait for? Ann Med Psychol (Paris) 124 (4): 568–578

American Psychiatric Association (1980) Diagnostic and statistic manual of mental disorders DSM-III, 3rd edn. APA, Washington DC

American Psychiatric Association (1993) Diagnostic and statistical manual of mental disorders DSM-IV, 4th edn. APA, Washington DC

Ban TA (1990) Clinical pharmacology and Leonhard's classification of endogenous psychoses. Psychopathology 23 (4–6): 331–338

Baxter LR, Schwartz JM, Bergman KS et al (1992) Caudate glucose metabolic rate changes with both drug and behaviour therapy for obsessive-compulsive disorder. Arch Gen Psychiatry 49 (9): 681–689

Bayle A-L, see Pichot P (1996)

Bhaskar RA (1994) Plato, etc: The problems of philosophy and their resolution. Verso, London

Binswanger L (2001) „Daseinsanalyse" dans la psychiatrie 1951. Encéphale 27 [Spec No 1]: 125–28

Birnbaum K (1918) Psychische Verursachung seelischer Störungen und die psychisch bedingten abnormen Seelenvorgänge. Bergmann, Wiesbaden

Blankenburg W (1965) Zur Differentialphänomenologie der Wahnwahrnehmungen. Eine Studie über abnormes Bedeutungserleben. Der Nervenarzt 36: 285–298

Bleuler E (1911) Dementia praecox oder Die Gruppe der Schizophrenien. In: Aschaffenburg G (Hrsg) Handbuch der Psychiatrie. Deuticke, Leipzig Wien

Bonhoeffer K (1912) Die Psychosen im Gefolge von akuten Infektionen, Allgemeinerkrankungen und inneren Erkrankerungen. In: Aschaffenburg G (Hrsg) Handbuch der Psychiatrie, spezieller Teil, 3, 1. Deuticke, Leipzig Wien, S 1–120

Bumke O (1924) Lehrbuch der Geisteskrankheiten. Mit einem Anhang: Die Anatomie der Psychosen, von Klarfeld B. Bergmann, München

Charcot JM, see Pichot P (1996)

Burton A, López Ibor JJ, Mendel W (1974) Schizophrenia as a lifestyle. Springer, New York

Dilling H (1998) Die Zukunft der Diagnostik in der Psychiatrie. Fortschr Neurol Psychiatr 66 (1): 36–42

Esquirol JED (1816) Von den Geisteskrankheiten. Huber, Bern (reimpresión 1968)

Ey H (1996) Schizophrénie. Etudes cliniques et psychopathologiques. Recueil de textes, Synthelabo

Falret J-P (1864) De la folie circulaire ou forme de maladie mentale caracterisée par l'alternative réguliere de la manie et de la mélancolie (1854). In: Des maladies mentales et des asiles d'alienés. Bailliere, París, pp 461–462

Follette WC, Houts AC (1996) Models of scientific progress and the role of theory in taxonomy development: a case study of the DSM. J Consult Clin Psychol 64 (6): 1120–1132

Foulds GA (1965) The significance of intra-individual diagnostic levels. Br J Psychiatry 111: 761–768

Frances A, Cooper AM (1981) Descriptive and dynamic psychiatry: a perspective on DSM-III. Am J Psychiatry 38(9): 1198–1202

Gadamer HG (1990) Wahrheit und Methode: Grundzüge einer philosophischen Hermeneutik, 6. Aufl. Mohr, Tübingen

Gebsattel VE von (1954) Prolegomena einer medizinischen Anthropologie. Springer, Berlin

Griesinger W (1968) Gesammelte Abhandlungen, Teil I. Psychiatrische und nervenpathologische Abhandlungen. EJ Bonset, Amsterdam (Reimpresión de la edición Berlín 1872)

Henning W (1966) Phylogenetic systematics. University of Illinois, Urbana

Hillman J (1987) On paranoia. Lecture, Eranos Conference The Hidden Course of Events, Ascona, August 21–29, 1985. Insel Verlag, Frankfurt (Eranos Yearbook 1985, Vol 54, pp 269–324)

Hoche A (1912) Die Bedeutung der Symptomenkomplexe in der Psychiatrie. Z Neurol 12: 540

Hofer G (1954) Phänomen und Symptom. Nervenarzt 25: 342

Houts AC (2001) Harmful dysfunction and the search for value neutrality in the definition of mental disorder: response to Wakefield, part 2. Behav Res Ther 39 (9): 1099–1132

Hyman SE (2002) Neuroscience, genetics, and the future of psychiatric diagnosis. Psychopathology 35 (2–3): 139–44

Jablensky A (1986) Current trends in the methodology of classification. Acta Psychiatr Belg 86 (5): 556–67

Janca AM, Kastrup H, Katschnig H, López-Ibor Jr JJ, Mezzich J, Sartorius N (1996) The ICD-10 multiaxial system for use in adult psychiatry: structure and applications. J Nerv Ment Dis 184 (3): 191–192

Janca A, Kastrup M, Katschnig H, López-Ibor Jr JJ, Mezzich JE, Sartorius N (1996) Contextual aspects of mental disorders: a proposal for axis III of the ICD-10 multiaxial system. Acta Psychiatr Scand 93: 31–36

Janca M, Kastrup H, Katschnig H, López-Ibor Jr JJ, Mezzich JE, Sartorius N (1996) The World Health Organization Short Disability Assessment Schedule (WHO DAS-S): a tool for the assessment of difficulties in selected areas of functioning of patients with mental disorders. Soc Psychiatry Psychiatr Epidemiol 31: 349–354

Janzarik W (1968) Schizophrene Verläufe. Eine strukturdynamische Interpretation. Springer, Berlin Heidelberg

Jaspers K (1946) Allgemeine Psychopathologie, 4. Aufl. Springer, Berlin

Jensen PS, Hoagwood K (1997) The book of names: DSM-IV in context. Dev Psychopathol 9 (2): 231–249

Kahlbaum KL (1860) La folie tonique ou la catatonie. In: Postel J, Allen DF (eds) La psychiatrie. Larousse, Paris 1994

Kim NS, Ahn WK (2002) Clinical psychologists' theory-based representations of mental disorders predict their diagnostic reasoning and memory. J Exp Psychol Gen 131 (4): 451–476

Kraepelin E (1899) Psychiatrie, 6. Aufl. Johann Ambrosius Barth, Leipzig

Kraepelin E (1920) Die Erscheinungsformen des Irreseins. Z ges Neurol Psychiatrie 62: 1–29

Kranz H (1936) Lives of criminal twin. Springer, Berlin

Kulenkampff C (1955) Entbergung, Entgrenzung, Überwältigung als Weisen des Standverlustes. Zur Anthropologie der paranoiden Psychosen. Der Nervenarzt 26: 89

Leonhard K (1995) Aufteilung der endogenen Psychosen und ihre differenzierte Ätiologie, 7. Aufl. Thieme, Stuttgart New York

Llopis B (1959) The axial syndrome common to all psychoses. Psychoanal Rev 46: 85–110

López Ibor Sr JJ (1957) Análisis estructural de la sintomatología esquizofrénica. In: López Ibor JJ (ed) Symposium sobre Esquizofrenia. C.S.I.C., Madrid

López-Ibor JJ (1985) Nosological status of endogenous anxiety: "Anxious Thymopathy" revisited. Psychopathology 18: 133–139

López-Ibor Jr JJ (2003) Cultural adaptations of current psychiatric classifications: are they a solution? Psychopathology 36 (3): 114–119

Marchais P (1966) De quelques principes pour l'établissement d'une nosologie en psychiatrie. Ann Med Psychol 124 (II, B): 512–523

Masten AS, Curtis WJ (2000) Integrating competence and psychopathology: pathways toward a comprehensive science of adaptation in development. Dev Psychopathol 12 (3): 529–550

McNally RJ (2001) On Wakefield's harmful dysfunction analysis of mental disorder. Behav Res Ther 39 (3): 309–314

Mental Health Act (1983) Department of Health, Great Britain

Meyer A (1951, 1952) In: Winters E (ed) Collected papers, four volumes. John Hopkins Press, Baltimore

Millon T (2000) Reflections on the future of DSM axis II. J Personal Disord 14 (1): 30–41

Minkowski E (1927) La schizophrénie. Payot, Paris, 1997

Minkowski E (2002) Ecrits cliniques. Textes rassemblés et commentés par Bernard Granger. Éditions Érès, Remonville

Morel B (1857) Traité des dégéneréscences physiques, intellectuelles et morales de l'espèce humaine. Mason, Paris

Nash J (1999) Rational thinking. Is it easy or hard? In: López-Ibor JJ, Lieh Mak F, Visotsky HM, Maj M (eds) One world, one language – paving the way to better perspectives for mental health (Proc, X World Congress of Psychiatry, Madrid, Spain, August 23–28, 1996). Hogrefe and Huber, Cambridge

Nassar S (1998) A beautiful mind. Simon & Schuster, New York

Parshall AM, Priest RG (1993) Nosology, taxonomy and the classification conundrum of the functional psychoses. Br J Psychiatry 162: 227–236; discussion 237–238

Pichot P (1983) Un siècle de psychiatrie. Editions Rocher DaCosta, Paris (also: Synthelabo, 1996)

Pichot P (1996) see Pichot P (1983)

Pinel PH (1842) Traité médico-philosophique sur l'alienation mentale. Brosson, Paris

Roelcke V (1997) Biologizing social facts: an early 20th century debate on Kraepelin's concepts of culture, neurasthenia, and degeneration. Cult Med Psychiatry 21(4): 383–403

Ruckdeschel KT (1957) Zur Prognose schizophrener Erkrankungen. Dtsch Med Wochenschr 2166

Sapolsky RM (1990) AE Bennett Award paper. Adrenocortical function, social rank, and personality among wild baboons. Biol Psychiatry 15: 862–878

Schneider K (1967) Klinische Psychopathologie. G Thieme, Stuttgart

Sedler MJ (1994) Foundations of the new nosology. J Med Philos 19 (3): 219–238

Tellenbach H (1976) Melancholie. Springer, Berlin Heidelberg New York

Thuriaux MC (1988) Health promotion indicators for all in the European region. Health Promotion 3: 89–99

Thuriaux MC (1995) The ICIDH: evolution, status, and prospects. Disabil Rehabil 17 (3–4): 112–118

Van Praag HM (1990) Two-tier diagnosing in psychiatry. Psychiatry Res 34 (1): 1–11

Wakefield JC (1999) Philosophy of science and the progressiveness of the DSM's theory-neutral nosology: response to Follette and Houts, part 1. Behav Res Ther 37(10): 963–999

Wakefield JC (1992) Disorder as harmful dysfunction: a conceptual critique of DSM-III-R's definition of mental disorder. Psychol Rev 99 (2): 232–247

Wakefield JC (1999) The concept of disorder as a foundation for the DSM's theory-neutral nosology: response to Follette and Houts, part 2. Behav Res Ther 37 (10): 1001–1027

Wernicke K (1900) Grundriss der Psychiatrie. In: Klinische Vorlesungen. Thieme, Leipzig

World Health Organization (1992) The ICD-10. International classification of mental and behavioral disorders. Clinical descriptions and diagnostic guidelines. WHO, Geneva

World Health Organization (2001) International classification of functioning, disability and health. WHO, Geneva

World Health Organization (1947) Constitution of the World Health Organization. WHO, Geneva, March 2002

Wyrsch J (1956) Zur Geschichte und Deutung der endogenen Psychosen. Thieme, Stuttgart

Zutt J (1963) Auf dem Wege zu einer Antropologischen Psychiatrie. Gesammelte Aufsätze. Springer, Berlin Göttingen Heidelberg

Zutt J, Kulenkampf C (Hrsg) 1958 Das paranoide Syndrom in anthropologischer Sicht. Symposium, 2. Int Kongress für Psychiatrie, Zürich. Springer, Berlin Göttingen Heidelberg

Correspondence: J. J. López-Ibor, Chairman and Director, The Institute of Psychiatry and Mental Health, San Carlos Hospital, Complutense University, Madrid, Spain, e-mail: jli@lopez-ibor.com

Syndromale Brücke zwischen affektiven und schizophrenen Erkrankungen

A. Marneros

Klinik und Poliklinik für Psychiatrie und Psychotherapie, Martin-Luther-Universität
Halle-Wittenberg, Halle, Bundesrepublik Deutschland

Einleitung

Das Dichotomiekonzept Kraepelins (1896), in dem er die sogenannten endogenen Psychosen in Dementia praecox (Schizophrenie) und manisch-depres-
sives Irresein (1899) unterteilt, führten manchen Epigonen zu der Annahme,
dass zwischen den beiden Gruppen eine übergangslose Kluft bestehe (Marneros 2004, Marneros und Akiskal 2005). Die epigonale Interpretation von
Kraepelins Konzept ist eine Missinterpretation. Kraepelin verwies fast pathe-
tisch auf die Übergänge und auf die fließende Grenze zwischen den beiden
Störungsformen. Er schreibt in seiner berühmten Arbeit *„Die Erscheinungsformen des Irreseins"*, die im Jahre 1920 erschien: *„Kein Erfahrener wird leugnen, daß
die Fälle unerfreulich häufig sind, in denen es trotz sorgfältigster Beobachtung unmöglich erscheint, hier zu einem sicheren Urteil zu gelangen."* (S. 26), (nämlich zwischen
manisch-depressivem Irresein und Dementia praecox zu unterscheiden). *„Es
gibt aber offenbar ein immerhin ziemlich ausgedehntes Gebiet, auf dem jene Kennzeichen
versagen, sei es, daß sie nicht eindeutig ausgeprägt sind, sei es, daß sie sich als
unzuverlässig erweisen."* (S. 27). Eine Seite weiter macht er nicht nur auf die
klinische Existenz von Überlappungen und Überschneidungen aufmerksam,
sondern betont auch ihre theoretische Bedeutung: *„Wir werden uns somit an den
Gedanken gewöhnen müssen, daß die von uns bisher verwerteten Krankheitszeichen
nicht ausreichen, um uns die zuverlässige Abgrenzung des manisch-depressiven Irreseins
von der Schizophrenie unter allen Umständen zu ermöglichen, daß vielmehr auf diesem
Gebiet Überschneidungen vorkommen, die auf dem Ursprung der Krankheitserscheinun-
gen aus gegebenen Vorbedingungen beruhen."* (S. 28).

Heute gibt es keinen Zweifel daran, dass diese Übergänge nicht nur existie-
ren, sondern auch zahlreich und höchstwahrscheinlich genetisch determiniert
sind (siehe Beiträge in Marneros et al. 1995 sowie in Marneros und Akiskal
2005). Neben dem klassischen Übergangsbeispiel *„Schizoaffektive Psychose"*
scheinen auch andere psychotische Formen wie z. B. die *„Akuten Polymorphen
Psychosen"* zu den Übergangs- bzw. Kontinuum-Formen zu gehören (Marneros
und Pillmann 2004).

Das Beispiel Schizoaffektive Erkrankungen

Dass schizoaffektive Erkrankungen nach vielen verschiedenen Aspekten (prä-morbide, symptomatologische, prognostische, biologische, genetische) eine Position zwischen affektiven und schizophrenen Erkrankungen einnehmen, ist inzwischen gut etabliert (siehe Beiträge in Marneros und Tsuang 1986, 1990, Marneros 1989, 2004, Marneros et al. 1995, Marneros und Goodwin 2005, Marneros und Akiskal 2005). Was eine schizoaffektive Psychose ist, wissen wir allerdings nicht. Wir sind nicht einmal in der Lage, die schizoaffektiven Psychosen genau zu definieren. Die Definitionen von ICD-10 und vor allem von DSM-IV können das Phänomen nicht erfassen. Beide Systeme leiden darunter, dass sie den longitudinalen Aspekt nicht berücksichtigen und insofern das episodische Wechseln von schizophrenen und depressiven bzw. manischen Syndromen nicht erfassen.

Die Zwischenposition der schizoaffektiven Psychosen zeigt sich in allen drei Dichotomie-Aspekten Kraepelins. Bekanntlich hat Kraepelin die Unterscheidung zwischen Dementia praecox und manisch-depressivem Irresein vorwiegend gestützt auf die Unterschiede bezüglich:

a. Alter bei Manifestation,
b. Symptomatologie,
c. Ausgang.

Betrachtet man das Alter bei Erstmanifestation, dann erkennt man ein Kontinuum zwischen den zwei Ecksäulen „Schizophrenie" und „endogene Depression", in dem die schizoaffektiven Psychosen nach dem Uni- bzw. Bipolaritätsprinzip zwischen den beiden Polen liegen, wie die Abb. 1 zeigt.

In symptomatologischer Hinsicht zeigt nicht nur die Mischung von depressiven bzw. manischen Symptomen mit sogenannten schizophrenen Symptomen, sondern auch der longitudinale Shift von einem Syndrom zum anderen während eines langjährigen Verlaufs die symptomatologische Zwischenposition (siehe Abb. 2).

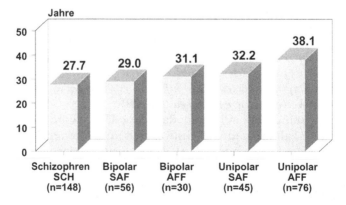

Abb. 1. Alter bei Erstmanifestation. *SCH* schizophren, *SAF* schizoaffektiv, *AFF* affektiv

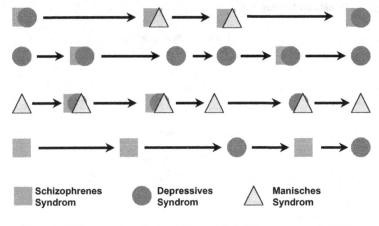

Abb. 2. Polymorpher Verlauf (Beispiele) (Marneros et al. 1995)

Auch bezüglich des dritten Aspektes (Ausgang) unterscheiden sich die schizophrenen und affektiven Erkrankungen signifikant. Zwar haben wir uns längst von der Annahme distanziert, dass die affektiven Erkrankungen immer einen guten Ausgang haben (über 30% haben eben keinen guten Ausgang), aber sie haben einen signifikant besseren Ausgang als die schizophrenen Psychosen. Die schizoaffektiven Psychosen liegen dazwischen, wie die dargestellten Schemata (Abb. 3, 4) zeigen.

Das Paradigma „Akute Polymorphe Psychosen"

Die ICD-10 definiert eine Gruppe der „Akuten Vorübergehenden Psychotischen Störungen" (F 23), deren Kerngruppe die „Akuten Polymorphen Psychosen" sind.

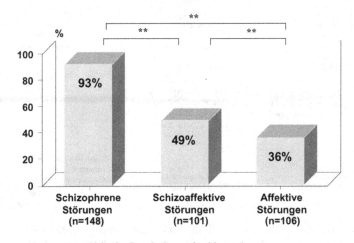

Abb. 3. Persistierende Alterationen

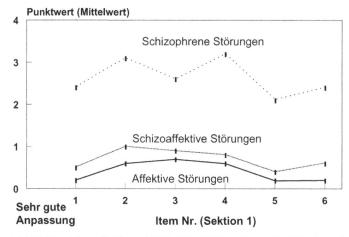

Abb. 4. Disability Assessment Schedule: Beeinträchtigungsprofil (WHO/DAS)

Damit operationalisiert die ICD-10 verschiedene nationale Konzepte (siehe Abb. 5).

Es handelt sich dabei um produktive Psychosen mit akutem Beginn, dramatischer Symptomatologie und gutem Ausgang, die weder zur Schizophrenie noch zu den affektiven Erkrankungen gehören, wie die Liste der Synonyme zeigt:

– zykloide Psychose
– Bouffée délirante
– akute Schizophrenie
– „remitting schizophrenia"

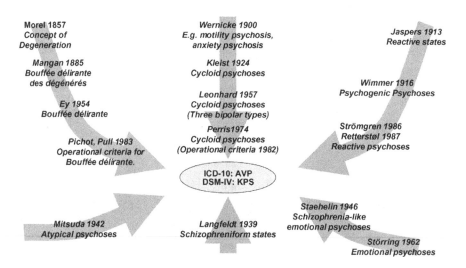

Abb. 5. Konzepte der zykloiden Psychosen. *AVP* akute vorübergehende Psychose, *KPS* kurze psychotische Störung (aus: Marneros und Pillmann 2004)

- „good prognosis schizophrenia"
- unsystematische Schizophrenie
- schizophrenieähnliche Emotionspsychose
- kurze schizophreniforme Psychose
- psychogene (reaktive) Psychose
- schizophrene Reaktion
- Oneirophrenie
- oneiroide Emotionspsychose
- atypische Psychose
- Noneffective Acute Remitting Psychosis (NARP)

Die „*Halle Study on Brief and Acute Psychoses*" (HASBAP) (Marneros und Pill-mann 2000) zeigt, dass diese Form der psychischen Erkrankungen in ihrer großen Mehrzahl (fast 80%) Frauen betrifft (siehe Abb. 6).

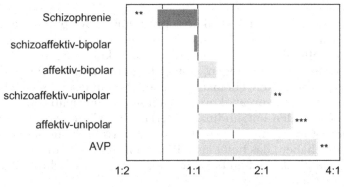

Abb. 6. Geschlechterverteilung nach diagnostischen Kriterien für alle psychotischen und nichtorganischen major affektiven Störungen (ICD-10: F2, F3) während des Untersu-chungszeitraumes 1993–97 an der MLU Halle (n = 1036 Patienten). Signifikanz der Norm-abweichung: * p < 0,05, ** p < 0,01, *** p < 0,001)

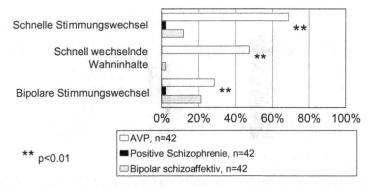

Abb. 7. Symptome innerhalb der Episode

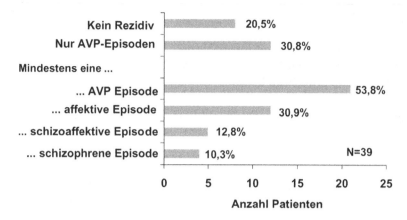

Abb. 8. Rezidive im 7-Jahres-Verlauf (bezogen auf alle Patienten mit Follow-up)

Diese Gruppe hat neben den akuten produktiven Symptomen einige symptomatologische Charakteristika, die sie sowohl von der Schizophrenie als auch von den affektiven und schizoaffektiven Erkrankungen, insbesondere von den bipolaren Erkrankungen, unterscheiden, nämlich: einen schnellen Wechsel der psychotischen Thematik, rasche Stimmungswechsel und ein häufig bipolares Auftreten von affektiven Symptomen innerhalb von Stunden.

Betrachtet man den longitudinalen Verlauf der akuten vorübergehenden psychotischen Störungen, dann stellt man fest, dass sie keine stabilen Rezidivierungsmuster haben, das heißt also: Patienten mit AVP können im Verlauf alle Formen von psychotischen Episoden zeigen (affektive, schizoaffektive und schizophrene) (siehe Abb. 8).

Allerdings scheint uns hochinteressant zu sein, dass affektive und schizoaffektive Episoden zusammen im Verlauf von AVP viel häufiger auftreten als reine schizophrene Episoden. Betrachtet man den longitudinalen Ausgang,

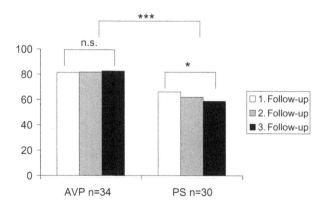

Abb. 9. Global Assessment Score. *AVP* akute vorübergehende Psychosen, *PS* positive Schizophrenie

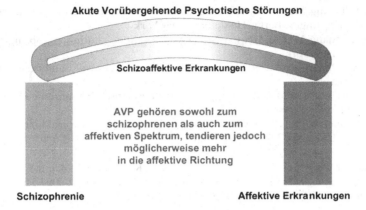

Akute Vorübergehende Psychotische Störungen

Schizoaffektive Erkrankungen

AVP gehören sowohl zum
schizophrenen als auch zum
affektiven Spektrum, tendieren jedoch
möglicherweise mehr
in die affektive Richtung

Schizophrenie   Affektive Erkrankungen

Abb. 10. AVP und schizoaffektive Erkrankungen und ihre Beziehung zum schizophrenen
und affektiven Spektrum

kann man erkennen, dass die AVP einen sehr günstigen und signifikant besseren Ausgang als die Schizophrenien und die schizoaffektiven Erkrankungen haben. Im Gegensatz zu den schizophrenen Erkrankungen, die sich im Verlauf der Zeit verschlechtern, bleibt ihr Funktionsniveau über die Zeit stabil (siehe Abb. 9).

Es finden sich also interessante Unterschiede zwischen AVP und Schizophrenie sowie schizoaffektiven und affektiven Erkrankungen.

Schlussfolgerung

Sowohl schizoaffektive als auch akute polymorphe Psychosen scheinen keine selbstständige nosologische Entität, sondern ein Kontinuum zwischen Schizophrenie und affektiven Erkrankungen zu sein (Abb. 10).

Sie bilden damit eine syndromale Brücke zwischen den beiden psychotischen Eckpfeilern. Man darf vermuten, dass die Entschlüsselung des Phänomens innerhalb eines Kontinuums in den Händen der Genetiker liegt (Kelsoe 2005).

Literatur

Kelsoe JR (2005) The overlapping of the spectra: overlapping genes and genetic models. In: Marneros A, Akiskal HS (eds) Overlapping of affective and schizophrenic spectra. Cambridge University Press, Cambridge (in press)

Kraepelin E (1899) Lehrbuch der Psychiatrie, 6. Aufl. Barth, Leipzig

Kraepelin E (1920) Die Erscheinungsformen des Irreseins. Z ges Neurologie Psychiatrie 62: 1–29

Marneros A (2004) Das Neue Handbuch der Bipolaren und Depressiven Erkrankungen. Thieme, Stuttgart

Marneros A, Tsuang MT (1986) Schizoaffective psychoses. Springer, Berlin Heidelberg New York

Marneros A, Tsuang MT (1990) Affective and schizoaffective disorders. Similarities and differences. Springer, Berlin Heidelberg New York

Marneros A, Tsuang MT, Andreasen NC (1995) Psychotic continuum. Springer, Berlin Heidelberg New York

Marneros A, Pillmann F (2004) Acute and transient psychoses. Cambridge University Press, Cambridge

Marneros A, Akiskal H (2005) Overlapping of affective and schizophrenic spectra. Cambridge University Press, Cambridge (in press)

Marneros A, Goodwin F (2005) Mixed states, rapid cycling and atypical bipolar disorder. Cambridge University Press, Cambridge

Korrespondenz: Prof. Dr. med. Dr. h.c. A. Marneros, Klinik und Poliklinik für Psychiatrie und Psychotherapie, Martin-Luther-Universität Halle-Wittenberg, 06097 Halle, Bundesrepublik Deutschland, e-mail: andreas.marneros@medizin.uni-halle.de

Früherkennung und Frühintervention im initialen Prodrom vor der psychotischen Erstmanifestation

J. Klosterkötter, F. Schultze-Lutter und **S. Ruhrmann**

Klinik und Poliklinik für Psychiatrie und Psychotherapie, Universität zu Köln,
Bundesrepublik Deutschland

1. Vorhersage psychotischer Erstmanifestationen im initialen Prodrom

Da ersten schizophrenen Episoden in der Mehrzahl der Fälle eine initiale
Prodromalphase vorangeht (Häfner et al. 2002) und eine Vielzahl von Studien
auf eine positive Korrelation der Dauer der unbehandelten Psychose (DUP)
mit verschiedenen Indikatoren eines negativen Behandlungsergebnisses bzw.
Krankheitsverlaufs hinweisen (Norman und Malla 2001), sind eine Früherkennung schizophrener Psychosen vor dem Auftreten des ersten psychotischen
Symptoms und eine damit einhergehende Frühintervention gut begründete
und aussichtsreiche Zielsetzungen.

Welches sind aber nun spezifische Merkmale mit prädiktiver Aussagekraft?
Im alten DSM-III/-R (APA 1980, 1987) war bereits einmal der Versuch unternommen worden, Prodromalsymptome einer Schizophrenie zu definieren.
Die Melbourner Arbeitsgruppe um Patrick D. McGorry führte hierzu zahlreiche Untersuchungen zur Reliabilität und Validität dieser neun Symptome
durch (Jackson et al. 1994, 1995, 1996, McGorry et al. 1995), aus denen sie den
Schluss zog, dass die Streichung der DSM-III-R-Prodromalkriterien bei der
Erstellung des DSM-IV (APA 1994) berechtigt gewesen sei, da trotz bestehen-
der Unklarheit über deren Validität die Erfassung zumindest bei Patienten mit
schizophrener Erstmanifestation nur relativ unreliabel erfolgen könne. Aufgrund der unzweifelhaft bei den meisten schizophrenen Ersterkrankungen
vorangehenden, lang andauernden Prodromalphase solle vielmehr statt der
bisherigen beobachtbaren Prodromalsymptome nach einer alternativen Kon-
zeptualisierung von Prodromen gesucht werden (Jackson et al. 1996).

Die meisten der verschiedenen, auf diesem Gebiet tätigen Arbeitsgruppen
gingen bis vor kurzem noch davon aus, dass Psychose-prädiktive Symptome erst
im späteren Verlauf des Prodroms auftreten und bereits eine phänomenologi-
sche Ähnlichkeit mit psychotischen Symptomen aufweisen. In Übereinstimmung mit den von der Melbourner Gruppe definierten Kriterien (Phillips et al.
2000) werden heute attenuierte (abgeschwächte) psychotische Symptome
(APS) und kurzzeitig vorhandene, spontan remittierende psychotische Sympto-

me (brief limitted intermittent psychotic symptoms, BLIPS) sowie Kombinationen aus Risikofaktoren, wie einer familiären Belastung oder einer schizotypen Persönlichkeitsstörung, und einem signifikanten Absinken des globalen Funktionsniveaus für die Definition eines initialen Prodroms herangezogen, wobei deren Operationalisierung aber vielfach variiert (Schultze-Lutter 2004).

1.1 Transiente psychotische Symptome (BLIPS)

Unter transiente psychotische Symptome fallen Wahnideen, Halluzinationen oder formale Denkstörungen, die nur vorübergehend und nicht länger als eine Woche vorhanden sind und spontan remittieren. Damit unterscheiden sie sich nicht phänomenologisch, sondern nur hinsichtlich ihrer Dauer von psychotischen Symptomen, die für die Diagnose einer manifesten Psychose herangezogen werden (Phillips et al. 2000).

1.2 Attenuierte psychotische Symptome (APS)

Abgeschwächte psychotische Symptome sind angelehnt an die revidierten DSM-IV-Kriterien einer schizotypischen Persönlichkeitsstörung und umfassen Beziehungsideen, eigentümliche Vorstellungen oder magisches Denken, ungewöhnliche Wahrnehmungserlebnisse, eine eigenartige Denk- und Sprechweise sowie paranoide Ideen. Damit ähnelt diese Symptomatik bereits den Symptomen der ersten psychotischen Episode und tritt am Ende der initialen Prodromalphase auf (s. Abb. 1). Dies bestätigen auch erste Ergebnisse prospektiver Studien mit einer durchschnittlichen Übergangsrate in eine Psychose von 36,7% innerhalb eines Jahres nach Studieneinschluss bei Personen, die weitgehend aufgrund von APS eingeschlossen wurden und an keiner speziellen antipsychotischen Intervention – atypische neuroleptische Medikation oder kognitive Psychotherapie – teilnahmen (Schultze-Lutter 2004).

1.3 Pädiktive Basissymptome

Das Basissymptom-Konzept wurde in den 1960er-Jahren von Gerd Huber (Huber 1966, 1986) entwickelt. Es hat seinen Ursprung in der Beobachtung von Defizienzen, die schon Jahre oder Jahrzehnte vor der ersten akuten Episode sowie im Vorfeld schizophrener Rezidive als auch postpsychotisch und intrapsychotisch bei fluktuierender akut-psychotischer Symptomatik auftreten, von den Betroffenen selbst wahrgenommen und (retrospektiv) berichtet werden (Huber 1997, Huber et al. 1979, 1980). Diese milden, meist subklinischen, aber nichtsdestotrotz häufig starken Beschwerdedruck verursachenden Selbstwahrnehmungen von Störungen des Antriebs, des Affekts, der Denk- und Sprachprozesse, der Wahrnehmung, der Propriozeption, der Motorik und zentral-vegetativer Funktionen wurden von Huber unter dem Terminus technicus Basissymptome beschrieben und in der prospektiven Cologne Early Recognition, CER-Studie auf ihre Vorhersagefähigkeit für schizophrene Psychosen untersucht (Klosterkötter et al. 2001). Dabei gelang es, 160 von 385 Patienten, die zum Zeitpunkt der Erstuntersuchung noch niemals psychotische Symptome gezeigt hatten und sich weder in ihrer Psychopathologie noch in ihren soziodemographischen Merkmalen von der Gesamtstichprobe unterschieden, im Durchschnitt 9,6 Jahre später auf die zwischenzeitliche Ausbildung einer Schizophrenie hin nach zu untersuchen. 79 Patienten (49,4%) hatten im Katamneseintervall nach einer durchschnittlichen Prodromalphase von 5,6 (±5,1) Jahren und durchschnittlich 1,9 (±2,5) Jahre nach der Erstuntersuchung eine schizophrene Erkrankung entwickelt, nur zwei von ihnen hatten bei der Erstuntersuchung kein Basissymptom berichtet. Insgesamt zeigten zehn Basissymptome aus dem Bereich der Informationsverarbeitungsstörungen eine für diagnostisch relevante Symptome als ausreichend anzusehende Häufigkeit (Andreasen und Flaum 1991) bei der Erstuntersuchung von mindestens 25%, Spezifitäten von 0,85 und höher, eine positive prädiktive Stärke von mindestens 0,70 und darüber hinaus falsch-positive Vorhersageraten von unter 7,5% (Klosterkötter et al. 2001). Diese Basissymtome waren Gedankeninterferenz, -perseveration, -drängen und -blockierung, Störung der rezeptiven Sprache, Störung der Diskriminierung von Vorstellungen und Wahrnehmungen bzw. Phantasieinhalten und Erinnerungen, Eigenbeziehungstendenz, Derealisation, optische und akustische Wahrnehmungsstörungen. Damit erscheinen auch diese sich phänomenologisch von psychotischen Symptomen gut unterscheidbaren und bereits früh auftretenden Symptome gut für eine Früherkennung schizophrener Psychosen bereits relativ zu Beginn des Prodroms geeignet (s. Abb. 1).

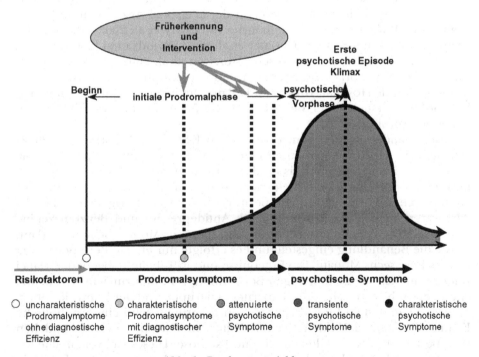

Abb. 1. Psychoseentwicklung

1.4 Risikofaktoren und Funktionseinbußen

Zur Erfassung einer Gruppe von Personen mit einem erhöhten Risiko für die Entwicklung einer manifesten Psychose aber ohne Ausbildung einer Psychose-ähnlichen Symptomatik wurde zudem eine Kombination von Vorliegen eines bekannten Risikofaktors und einer kürzlichen, deutlichen Verschlechterung in der psychischen Verfassung und dem globalen Funktionsniveau vorgeschlagen (Phillips et al. 2000). Dabei scheinen nach bisherigem Kenntnisstand insbesondere schizophrene Erkrankungen in der Familie, eine schizotypische Persönlichkeitsstörung, Geburtskomplikationen sowie neurobiologische Auffälligkeiten auf ein erhöhtes Erkrankungsrisiko hinzuweisen und werden als so genannte Vulnerabilitätsindikatoren angesehen (McGlashan und Johannessen 1996).

2. Frühintervention vor psychotischen Erstmanifestationen im initialen Prodrom

Nicht nur in der Früherkennung, sondern auch bei Studien zur Frühbehandlung sind die durch die Melbourner Arbeitsgruppe definierten Kriterien von APS, BLIPS und Kombination von Risikofaktor und Funktionseinbußen international bisher richtungweisend.

Vor kurzem wurden die ersten kontrollierten Interventionsstudien mit diesen Einschlusskriterien zu atypischen Neuroleptika und/oder kognitiv-verhaltens-therapeutischer Intervention an der „Personal Assessment and Crisis Evaluation (PACE) Clinic" in Melbourne (McGorry et al. 2002), der PRIME-Gruppe in Nordamerika (McGlashan et al. 2003, Woods et al. 2003) und in Manchester, England, abgeschlossen (Morrison et al. 2002). Darüber hinaus wird in der New Yorker „Recognition and Prevention (RAP) Program and Clinic at Hillside Hospital" vorwiegend Olanzapin in einem offenen klinischen Behandlungsversuch unter weitgehender Berücksichtigung der Melbourner Kriterien erprobt.

In der randomisierten kontrollierten PACE-Studie (McGorry et al. 2002) erhielten die Hochrisikopatienten eine spezifische kognitive Psychotherapie sowie Risperidon in kleinen bis mittleren Dosierungen (durchschnittlich 1,3 mg). Eine Kontrollgruppe erhielt dagegen ausschließlich eine supportive Psychotherapie in Form eines nicht-spezifischen Clinical Managements. Bei Bedarf waren auch je nach Symptomatik Antidepressiva und Benzodiazepine zugelassen. Die Patienten wurden zunächst für sechs Monate behandelt, dann wurde die Behandlung eingestellt und es erfolgte nur eine weitere Betreuung über weitere sechs Monate. Die Ergebnisse sind in Tabelle 1 abgebildet. Dabei zeigte sich nach dem 6-monatigen Behandlungszeitraum zunächst ein deutlicher Unterschied zwischen der Experimentalgruppe und der Kontrollgruppe: Während von den 28 Individuen der Kontrollgruppe zehn eine psychotische Erstmanifestation ausbildeten, entwickelten in der spezifisch behandelten Gruppe nur drei von 31 Personen eine Psychose. Dieses viel versprechende Ergebnis wurde allerdings dadurch abgeschwächt, dass im weiteren Beobachtungsverlauf drei weitere Personen aus der Interventionsgruppe eine Psychose entwickelten. Eine detailliertere Analyse zeigte dennoch nach dem 12-Monats-Zeitraum einen klaren signifikanten Gruppenunterschied, wenn nur diejenigen Personen betrachtet werden, die in dem 6-monatigen Behandlungszeitraum hinsichtlich der Medikation kompliant waren. Aus dieser Gruppe von 14 voll komplianten Personen erkrankte nur einer, während bei den weiteren fünf psychotisch gewordenen Personen der Interventionsgruppe keine oder nur eine partielle Medikamenteneinnahme erfolgt war (s. Tabelle 1).

Das Ergebnis der Veröffentlichung wird allerdings dadurch limitiert, dass eine Unterscheidung zwischen dem Effekt der medikamentösen und psychotherapeutischen Behandlung kaum zu treffen ist. Zudem wurde die Kontrollgruppe sehr viel besser und intensiver betreut als es sonst in diesem Bereich üblich ist. Außerdem besteht guter Grund für die Annahme, dass eine Behandlung über einen längeren Zeitraum, bis ein bestimmter Risikozeitraum überschritten ist, durchaus sinnvoll sein könnte. Diese Einschränkungen der als erste Pilotstudie zu wertenden Untersuchung sollen jetzt in neueren Studien ausgeglichen werden.

Auch die 8-wöchigen Zwischenergebnisse der multizentrischen PRIME-Studie (Woods et al. 2003), einer doppel-blinden, Plazebo-kontrollierten Interventionsstudie mit variablen Dosierungen von Olanzapin zwischen 5 und 15 mg täglich zeigten bereits eine signifikante symptomatische Verbesserung der mit Olanzapin behandelten Gruppe im Vergleich zur Gruppe mit Placebo, wobei allerdings auch eine signifikant höhere Gewichtszunahme in der Medikamentengruppe zu verzeichnen war.

Kein signifikanter Gruppenunterschied hinsichtlich der Übergangsraten in eine Psychose nach 12 Monaten fand sich bei einem Vergleich von Hochrisikopatienten, die eine kognitiv-verhaltenstherapeutischen Behandlung oder eine Standardbehandlung erhielten (Morrison et al. 2002).

Tabelle 1. Ergebnisse der Melbourner Pilotstudie mit Risperidon

Inter-ven-tion	Nach 6-monatiger Behandlung			Nach 6-monatigem Follow-up (12-monatiger Studiendauer)		
	Anzahl	Übergänge in Psychosen Anzahl (%)	Signifikanz	Anzahl	Übergänge in Psychosen Anzahl (%)	Signifikanz
NSI	28	10 (35,7%)		28	10 (35,7%)	
SI	31	3 (9,7%)	vs. NSI	31	6 (19,4%)	
SI-NP	17	2 (11,8%)		17	5 (29,4%)	
SI-F	14	1 (7,1%)		14	1 (7,1%)	vs. NSI

NSI Nicht-spezifisches Klinisches Management, Antidepressiva und Benzodiazepine nach Bedarf. *SI* Spezifische kognitive Psychotherapie und Risperidon (mittlere Dosis 1,3 mg), Antidepressiva und Benzodiazepine nach Bedarf. *SI-NP* Nicht oder nur partiell kompliant mit der neuroleptischen Medikation. *SI-F* Voll kompliant mit der neuroleptischen Medikation

Ein anderer Frühinterventionsansatz wird von Tsuang et al. (1999) basierend auf dem Schizotaxie-Konzept verfolgt und bei erstgradigen Verwandten schizophrener Patienten herangezogen, die bereits Negativsymptome aufweisen. Anhand von vier Fallbeispielen berichteten sie über einen günstigen Effekt von Risperidon (0,25–1/2 mg/die) auf Negativsymptome und neuropsychologische Defizite in dieser Gruppe mit erhöhtem Psychoserisiko (Tsuang et al. 1999).

3. Früherkennungs- und Frühinterventionsforschung im Kompetenznetz Schizophrenie

Im Jahre 2000 startete mit Fördermitteln des Bundesministeriums für Forschung und Technologie in Deutschland das groß angelegte „Kompetenznetz Schizophrenie" (KNS, www.kompetenznetz-schizophrenie.de), das u. a. den Projektverbund „Früherkennung und Frühintervention" und ein übergreifendes Projekt zur umfangreichen Öffentlichkeitsarbeit und Aufklärung, das so genannte Awareness-Projekt, beinhaltet (s. Abb. 2). Ziele des Awareness-Projekts im Rahmen des Projektverbunds I sind die Wissensvermittlung über Prodromalsymptome und weiterer Indikatoren für ein erhöhtes Psychoserisiko sowie über mögliche Unterstützung, Behandlung und Hilfsangebote, die Schulung insbesondere in der Primär- und psychiatrischen Versorgung tätigen Personen in der frühen Erkennung von Prodromalsymptomen und Risikofaktoren und die Schulung in der angemessenen Kommunikation mit Risikopersonen und deren Familien sowie der Vermittlung von individuellen Frühbehandlungsangeboten. Damit soll eine Verbesserung der Zuweisungswege für Risikopersonen, eine Erhöhung der Anzahl der Zuweisungen von Risikopersonen und eine Verkürzung der Dauer der unbehandelten Erkrankung bei den zugewiesenen Risikopersonen bewirkt werden.

Die Hauptziele in den KNS-Projekten zur Früherkennung und -intervention sind neben der Entwicklung eines evaluierten Instrumentes zur Abschätzung des individuellen Psychoserisikos die Entwicklung von ersten Empfehlungen zur präventiven Frühintervention bei Personen mit einem erhöhten Psychoserisiko sowie der Nachweis von potenziellen Vulnerabilitätsindikatoren und funktionellen Hirnabweichungen, die den Beginn einer schizophrenen Erkrankung anzeigen könnten. In Zusammenarbeit mit dem Awareness-Projekt werden hierbei Informationsmaterialien und eine als erstes grobes Vorscreening von der Mannheimer Arbeitsgruppe um Heinz Häfner entwickelte Checkliste an Schulen, Beratungsstellen, Hausarztpraxen und psychiatrische und psychotherapeutische Praxen versandt, um so Patienten mit Risikofaktoren zu identifizieren und diese in den Früherkennungszentren untersuchen, beraten und ggf. einem der beiden phasenspezifischen Therapieangebote zuführen zu können. Die Mannheimer Arbeitsgruppe erarbeitete auch das in der detaillierten Diagnostik zur Anwendung kommende Früherkennungsinstrument, das „Early Recognition Instrument based on the Instrument for the Retrospective Assessment of the Onset of Schizophrenia, ERIraos".

Start **Awareness-Programm, Checklistenverteilung** an Adressaten, Übermittlung von Checklistenrisikopersonen an **Früherkennungszentren**

Anwendung Früherkennungsinventar in den Zentren, erwartete Rekrutierung von 1.250 Risikopersonen in **psychosefernen Prodromen** über zweieinhalb Jahre, Follow-up über zweieinhalb Jahre

Anwendung Früherkennungsinventar in den Zentren, erwartete Rekrutierung von ca. 650 Risikopersonen in **psychosenahen Prodromen** über drei Jahre, Follow-up über zwei Jahre

Ende Awareness-Programm, **Prä-/Post-Vergleiche** hinsichtlich Zuweisung (Wege, Anzahl, Dauer)

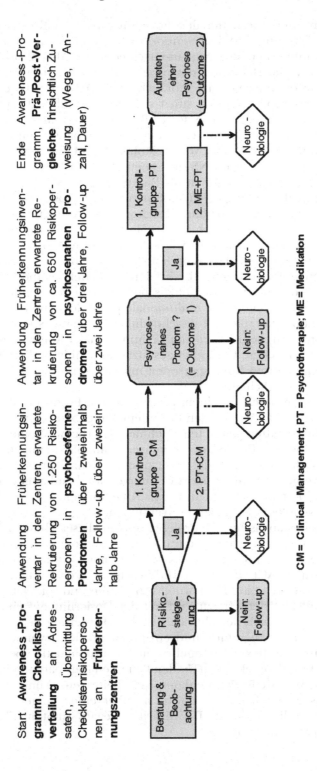

CM= Clinical Management; PT = Psychotherapie; ME = Medikation

Abb. 2. Projektverbund „Früherkennung und Frühintervention" – Gesamtprogramm

In Erweiterung der internationalen Forschung wird im KNS-Projektverbund zur Früherkennung und -intervention zwischen einem psychosenahen und einem psychosefernen Prodrom unterschieden (s. Abb. 2 und Tabelle 2). Während sich die Definition des psychosenahen Prodroms über APS und BLIPS eng an die international gebräuchlichen Definitionskriterien der Melbourner PACE-Gruppe anlehnt, stützt sich die Definition des psychosefernen Prodroms auf die Ergebnisse der CER-Studie und umfasst zudem die auch in den Melbourner Kriterien enthaltene symptomatisch unspezifische Risikogruppe mit der Kombination von Risikofaktor und Funktionseinbußen (Tabelle 2). Hierbei wurden im KNS die genetische Belastung und Geburts- und Schwangerschaftskomplikationen als Risikofaktoren definiert.

Ergeben sich in der anfänglichen umfassenden diagnostischen Untersuchung keine Hinweise auf ein erhöhtes Psychoserisiko, erfolgt eine ausführliche Beratung. Ergeben sich jedoch bereits Hinweise auf ein psychosefernes Prodrom, so dass nach den bisherigen Studienergebnissen (Klosterkötter et al. 2001) damit zu rechnen ist, dass innerhalb von zwei bis drei Jahren eine psychotische Erstmanifestation auftritt, wird den Ratsuchenden die Teilnahme an einer Symptom-orientierten psychologischen Interventionsstudie angeboten. Hierbei wird eine 12-monatige multimodale psychologische Intervention bestehend aus Einzeltherapie mit Psychoedukation sowie Symptom- und Stressmanagement, Gruppentherapie mit Training sozialer Kompetenzen und von Problemlösefertigkeiten, Computer-gestütztem kognitivem Training und Beratung der Familien und Bezugspersonen mit einem unspezifischen klinischen Management verglichen.

Sind die Patienten bereits in einem psychosenahen Prodrom – berichten also bereits über APS/BLIPS, wird den Betroffenen angeboten, an einer pharmakologischen Interventionsstudie teilzunehmen. Hierbei wird eine alleinige supportive psychologische Intervention mit ihrer Kombination mit einer Pharmakotherapie mit dem niedrig dosierten atypischen Neuroleptika Amisulprid über zwei Jahre verglichen. Die supportive Intervention beinhaltet dabei stützende Gespräche mit Betroffenen und ggf. Angehörigen, psychoedukative Aspekte sowie psychologische Kriseninterventionen.

Der Einsatz eines atypischen Neuroleptikums in dieser Hilfe suchenden Patientengruppe mit attenuierten und transienten psychotischen Symptomen scheint durch die vorliegenden Ergebnisse zu einer neuroleptischen Intervention der Melbourner PACE- und der PRIME-Gruppe gerechtfertigt. Darüber hinaus wird hiervon auch eine Einsparung von Kosten und von Neuroleptika im Langzeitverlauf erwartet. Hierzu wird mit der Dosierung auf einem sehr niedrigen Niveau unterhalb der klinisch üblichen Dosierung bei manifester schizophrener Psychose begonnen und entsprechend dem Symptomverlauf aufdosiert, wodurch ein flexibles Eingehen auf die Problematik über die Dosierung erfolgt. Dieses Vorgehen soll für den Patienten transparent sein und so zur Förderung seiner Medikamentenkomplianz beitragen. Damit sich diese Strategie langfristig bewähren kann, wird sie über einen langen Zeitraum günstige Effekte auf die Kognition, Depressivität, Negativsymptomatik, Affektschwankungen usw. erzielen müssen.

Tabelle 2. Definition des psychosefernen Prodroms (early intial prodromal state, EIPS) und des psychosenahen Prodroms (late initial prodromal state, LIPS)

Kriterien eines psychosefernen Prodroms (EIPS)

I. Basissymptome

   a. Mindestens eines der folgenden Symptome

      – Gedankeninterferenz

      – Zwangähnliches Perseverieren bestimmter Bewusstseininhalte

      – Gedankendrängen, Gedankenjagen

      – Gedankenblockierung

      – Störung der rezeptiven Sprache

      – Störung der Diskriminierung von Vorstellungen und Wahrnehmungen, Phantasieinhalten und Erinnerungen

      – Eigenbeziehungstendenz („Subjektzentrismus")

      – Derealisation

      – Optische Wahrnehmungsstörungen

      – Akustische Wahrnehmungsstörungen

   b. Mehrfaches Auftreten über einen Zeitraum von mindestens einer Woche

II. Psychischer Funktionsverlust und Risikofaktoren („state-trait"):

   a. Reduktion des GAF-M-Scores (Global Assessment of Functioning gemäß DSM-IV) um mindestens 30 Punkte über mindestens einen Monat

   plus

   b. Mindestens ein erstgradiger Angehöriger mit Lebenszeitdiagnose einer Schizophrenie oder prä- und perinatale Komplikationen

---

Kriterien eines psychosenahen Prodroms (LIPS)

I. Attenuierte psychotische Symptome (APS):

   a. Mindestens eines der folgenden Symptome:

      – Beziehungsideen

      – Eigentümliche Vorstellungen oder magisches Denken

      – Ungewöhnliche Wahrnehmungserlebnisse

      – Eigenartige Denk- und Sprechweise

      – Paranoide Ideen

   b. Mehrfaches Auftreten über einen Zeitraum von mindestens einer Woche

II. Brief Limited Intermittent Psychotic Symptoms (BLIPS):

   a. Mindestens eines der folgenden Symptome

      – Halluzinationen

      – Wahn

      – Formale Denkstörungen

   b. Dauer der BLIPS weniger als 7 Tage und nicht häufiger als 2-mal pro Woche in einem Monat

   c. Spontane Remission

---

4. Erste Ergebnisse zur Frühintervention aus dem Kompetenznetz Schizophrenie

Mittlerweile liegen erste Ergebnisse der pharmakologischen Interventionsstudie bei psychosenahen Prodromen vor. In die die ersten 12 Wochen umfassende Zwischenanalyse gingen die ersten 15 Patienten ein, die in die Behandlungsgruppe mit Amisulprid und supportivem Clinical Management eingeschlossen wurden. Hierbei handelte es sich um 11 Männer und 4 Frauen im Alter von durchschnittlich 25,1 ($\pm$4,9) Jahren. Ziel dieser Zwischenauswertung war eine Machbarkeitsprüfung des Studiendesigns sowie eine Prüfung der Tolerierung der Behandlung von Seiten der Patienten. Drei Patienten (20%) beendeten die Studienteilnahme während dieser ersten 12 Wochen: Zwei brachen den Kontakt nach acht Behandlungswochen ab, ein weiterer entschloss sich nach dreiwöchiger Behandlung zu einer Fortsetzung der medikamentösen Behandlung im stationären Rahmen in der Nähe seines Elternhauses, das für eine weitere Studienteilnahme zu weit entfernt lag. Damit zeigten sich das Studiendesign und der Behandlungsansatz insgesamt als machbar und tolerierbar.

Wie aus Abb. 3 zu ersehen ist, sanken die Gesamtmittelwerte der attenuierten positiven Symptome (APS) sowie der PANSS-Subskalen „Positivskala", „Negativskala" und „„Skala der Generellen Psychopathologie" und das Ausmaß an Depressivität, gemessen an der Montgomery-Asberg-Depression-Rating-Scale (MADRS), signifikant im zwölfwöchigen Behandlungszeitraum ab, während das globale Funktionsniveau (GAF) signifikant zunahm. Dabei wurde für die drei ausgeschiedenen Patienten bei der Analyse der Daten die letzte Beobachtung in die zwölfte Woche fortgeschrieben. Die Amisulprid-Dosierung lag im Mittel bei 204 $\pm$ 136 mg und im Median bei 200 mg.

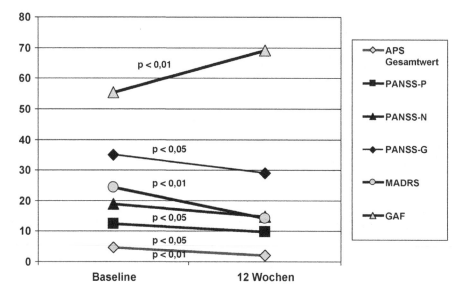

Abb. 3. Zwischenergebnisse der pharmakologischen Interventionsstudie

Diese ersten Ergebnisse deuten darauf hin, dass der Einsatz von atypischen Neuroleptika in dieser frühen Phase der Erkrankung viel versprechend zu sein scheint. Obwohl die Datenlage abschließend noch nicht zu beurteilen ist, stimmen die Zwischenauswertungen des Projektverbunds „Früherkennung und Frühintervention" des Kompetenznetzes Schizophrenie und die vorliegenden Ergebnisse internationaler Studien jedoch optimistisch.

5. Voraussetzungen der Arbeit in den Früherkennungszentren

In der Öffentlichkeit und auch von vielen Angehörigen wird eine medikamentöse Behandlung von Personen mit Hinweisen auf das Vorliegen eines erhöhten Psychoserisikos im Vorfeld der Erkrankung oftmals sehr kritisch beurteilt. Es ist daher noch einmal zu betonen, dass es hierbei nicht um den Versuch einer Primärintervention geht, sondern um eine indizierte und selektive Prävention bei Personen, die von sich aus wegen psychischer Beschwerden Hilfe suchen. Die Ziele des KNS-Projektverbunds I zur Früherkennung und -intervention liegen daher in erster Linie in einer Verbesserung der aktuellen Symptomatik und einer Vermeidung sozialer Behinderungen (Häfner et al. 1995), darüber hinaus aber auch in der Prävention oder zumindest Verzögerung und Abschwächung erster psychotischer Episoden. Dabei ist die Befähigung zum „informed consent" Voraussetzung für den Einschluss in die Interventionsstudien.

Nach den vorliegenden Studienergebnisse stellen die verwandten Einschlusskriterien zudem ein hohes Risiko und eine niedrige Rate (< 20%, oft sogar unter 10%) an falsch positiven Einschätzungen sicher. Zudem werden die psychosozialen und medikamentösen Behandlungsangebote phasenspezifisch auf das individuelle Risiko zugeschnitten, so dass ein günstiges „risks versus benefits"-Verhältnis entsteht.

Zudem wird heute in fast allen spezialisierten Zentren anstelle des diskriminierenden Schizophreniebegriffs zur Vermeidung von Stigmatisierungen ein breiteres und positiver konnotiertes Psychose-Konzept verwandt. Die Verwendung des Begriffs „Psychose" erfolgt aber nicht nur zur Vermeidung des stärker stigmatisierten Begriffs der „Schizophrenie", sondern auch einfach aus dem rein sachlichen Grund, dass der Übergang in eine psychotische Erstepisode nicht in jedem Fall mit einer schizophrenen Erkrankung gleichzusetzen sein wird.

Literatur

American Psychiatric Association (1980) Diagnostic and statistical manual of mental disorders, third edn. DSM-III. APA, Washington

American Psychiatric Association (1987) Diagnostic and statistical manual of mental disorders, third edn revised. DSM-III-R. APA, Washington

American Psychiatric Association (1994) Diagnostic and statistical manual of mental disorders, fourth edn. DSM-IV. APA, Washington

Andreasen NC, Flaum M (1991) Schizophrenia: the characteristic symptoms. Schizophr Bull 17: 27–49

Häfner H, Maurer K, Löffler W, an der Heiden W, Könnecke R, Hambrecht M (2002) The early course of schizophrenia. In: Häfner H (ed) Risk and protective factors in schizophrenia – towards a conceptual model of the disease process. Steinkopff, Darmstadt, pp 207–228

Häfner H, Nowotny B, Löffler W, an der Heiden W, Maurer K (1995) When and how does schizophrenia produce social deficits? Eur Arch Psychiatr Clin Neurosci 246: 17–28

Huber G (1966) Reine Defektsyndrome und Basisstadien endogener Psychosen. Fortschr Neurol Psychiat 34: 409–426

Huber G (1986) Psychiatrische Aspekte des Basisstörungskonzepts. In: Süllwold L, Huber G (Hrsg) Schizophrene Basisstörungen. Springer, Berlin Heidelberg New York, S 39–143

Huber G (1997) The heterogeneous course of schizophrenia. Schizophr Res 23: 177–185

Huber G, Gross G, Schüttler R (1979) Schizophrenie. Verlaufs- und sozialpsychiatrische Langzeituntersuchung an den 1945–1959 in Bonn hospitalisierten schizophrenen Kranken. Springer, Berlin Heidelberg New York

Jackson HJ, McGorry PD, McKenzie D (1994) The reliability of DSM-III prodromal symptoms in first-episode psychotic patients. Acta Psychiatr Scand 90: 375–378

Jackson HJ, McGorry PD, Dudgeon P (1995) Prodromal symptoms of schizophrenia in first-episode psychosis. Prevalence and specificity. Compr Psychiatr 36: 241–250

Jackson HJ, McGorry PD, Dakis J, Harrigan S, Henry L, Mihalopoulos C (1996) The interrater and test-retest reliabilities of prodromal symptoms in first-episode psychosis. Aust NZ J Psychiatr 30: 498–504

Klosterkötter J, Hellmich M, Steinmeyer EM, Schultze-Lutter F (2001) Diagnosing schizophrenia in the initial prodromal phase. Arch Gen Psychiatry 58: 158–164

McGlashan TH, Johannessen JO (1996) Early detection and intervention with schizophrenia: rationale. Schizophr Bull 22: 201–222

McGlashan TH, Zipursky RB, Perkins D, Addington J, Miller TJ, Woods SW, Hawkins KA, Hoffman R, Lindborg S, Tohen M, Breier A (2003) The Prime North America randomized double-blind clinical trial of olanzapine versus placebo in patients at risk of being prodromally symptomatic for psychosis. I. Study rationale and design. Schizophr Res 61: 7–18

McGorry PD, McFarlane C, Patton GC, Bell R, Hibbert ME, Jackson HJ, Bowes G (1995) The prevalence of prodromal features of schizophrenia in adolescence: a preliminary survey. Acta Psychiatr Scand 92: 241–249

McGorry PD, Yung AR, Phillips LJ, Yuen HP, Francey S, Cosgrave EM, Germano D, Bravin J, McDonald T, Blair A, Adlard S, Jackson H (2002) Randomized controlled trial of interventions designed to reduce the risk of progression to first-episode psychosis in a clinical sample with subthreshold symptoms. Arch Gen Psychiatry 59: 921–928

Morrison T, Bentall R, French P, Kilcommons A, Green J, Lewis S (2002) Early detection and intervention for psychosis in primary care. Acta Psychiatr Scand 413: 44

Norman RMG, Malla AK (2001) Duration of untreated psychosis: a critical examination of the concept and its importance. Psychol Med 31: 381–400

Phillips LJ, Yung AR, McGorry PD (2000) Identification of young people at risk of psychosis: validation of personal assessment and crisis evaluation clinic intake criteria. Aust NZ J Psychiatry 34 [Suppl]: S164–S169

Schultze-Lutter F (2004) Prediction of psychosis is necessary and possible. In: McDonald C, Schultz K, Murray R, Wright P (eds) Schizophrenia: challenging the orthodox. Taylor & Francis, London New York, pp 81–90

Tsuang MT, Stone WS, Seidman LJ, Faraone SV, Zimmet S, Wojcik J, Kelleher JP, Green

AI (1999) Treatment of nonpsychotic relatives of patients with schizophrenia: four case studies. Biol Psychiatry 45: 1412–1418

Woods SW, Breier A, Zipursky RB, Perkins DO, Addington J, Miller TJ, Hawkins KA, Marquez E, Lindborg SR, Tohen M, McGlashan TH (2003) Randomized trial of Olanzapine vs placebo in the symptomatic acute treatment of the schizophrenic prodrome. Biol Psychiatry 54: 435–464

Korrespondenz: Prof. Dr. J. Klosterkötter, Klinik und Poliklinik für Psychiatrie und Psychotherapie, Universität zu Köln, Kerpener Straße 62, 50937 Köln, Bundesrepublik Deutschland, e-mail: sekretariat.psychiatrie@uk-koeln.de

Verlaufsuntersuchungen zur Schizophrenie

R. Bottlender und **H.-J. Möller**

Klinik für Psychiatrie und Psychotherapie, Ludwig-Maximilians-Universität München, Bundesrepublik Deutschland

Einleitung

Die Schizophrenie ist eine der schwerwiegendsten psychischen Störungen überhaupt. Weltweit zählte die Schizophrenie 1990 zu den zehn Hauptursachen für den behinderungsbedingten Verlust an Lebensjahren in der Altersgruppe der 15- bis 44-Jährigen (Murray und Lopez 1996). Die Erkrankung tritt in allen Ländern und Kulturräumen mit vergleichbarer Häufigkeit und Symptomatik auf. Die jährliche Inzidenz schizophrener Neuerkrankungen liegt studienabhängig zwischen 0,16 und 0,42 je 1000 Einwohner. Bedingt durch den langfristigen Verlauf der Erkrankung ist die Punktprävalenz um ungefähr eine Größenordnung höher (1,4–4,6 pro 1000 Einwohner). Generell wird von einem mittleren Lebenszeitrisiko, an einer Schizophrenie zu erkranken, von einem Prozent ausgegangen (Jablensky 2000). Obgleich die Schizophrenie – wie an den zuvor genannten Zahlen abgelesen werden kann – im Vergleich zu anderen Erkrankungen relativ selten ist, gehört sie aufgrund des frühen Ersterkrankungsalters, des oft chronischen Krankheitsverlaufs sowie der damit einhergehenden hohen Morbidität und Mortalität (ca. 10%–15% der Patienten suizidieren sich im Verlauf der Erkrankung) zu den teuersten Krankheiten überhaupt (Andreasen 1991). Vor diesen Hintergründen kommt Verlaufsuntersuchungen zur Schizophrenie und insbesondere auch Studien zu verlaufsmodifizierenden beziehungsweise verlaufsprädizierenden Faktoren ein hoher Stellenwert in der psychiatrischen Forschung zu.

Verlauf und Ausgang der Schizophrenie

Kraepelin sah in der Schizophrenie noch eine Erkrankung, die durch einen chronischen Verlauf mit ungünstigem Outcome charakterisiert ist (siehe Abb. 1). Vor dem Hintergrund der Ergebnisse zahlreicher Verlaufsstudien musste diese Sichtweise allerdings nach und nach revidiert werden (z. B. Bleuler 1972, Ciompi und Müller 1976, Huber 1979, Harding et al. 1987, Möller et al. 1986/1988, Munk-Jorgensen et al. 1989, Mason et al. 1995). Heute weiß

man, dass chronische Verlaufsformen nur eine unter zahlreichen anderen
Verlaufsvarianten der Schizophrenie darstellen und der Verlauf der Schizophrenie insgesamt sehr heterogen ist. Trotz der Vielzahl von Verlaufsstudien
zur Schizophrenie sind generalisierbare Erkenntnisse über den Verlauf und
Ausgang der Schizophrenie aber auch 100 Jahre nach Erstbeschreibung dieser
Erkrankung als „Dementia praecox" nur in beschränktem Maße vorhanden
(Riecher-Rössler et al. 1998). Der Grund für diese Situation kann im Wesentlichen in den zwischen verschiedenen Verlaufsstudien bestehenden methodischen Unterschieden sowie den daraus resultierenden Limitierungen bezüglich der Vergleichbarkeit und Generalisierbarkeit der jeweiligen Studienergebnisse gesehen werden (z.B. Bottlender et al. 2000). In einem 1988 veröf-
fentlichten Themenheft der Zeitschrift *Schizophrenia Bulletin* fasste McGlashan
(1988) den damaligen Stand an Erkenntnissen zum Langzeitverlauf der Schizophrenie wie folgt zusammen: Die Schizophrenie ist eine chronische Erkran-

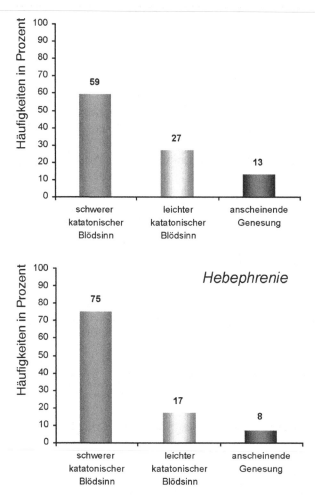

Abb. 1. Zur Diagnose und Prognose der Dementia praecox (Kraepelin 1899)

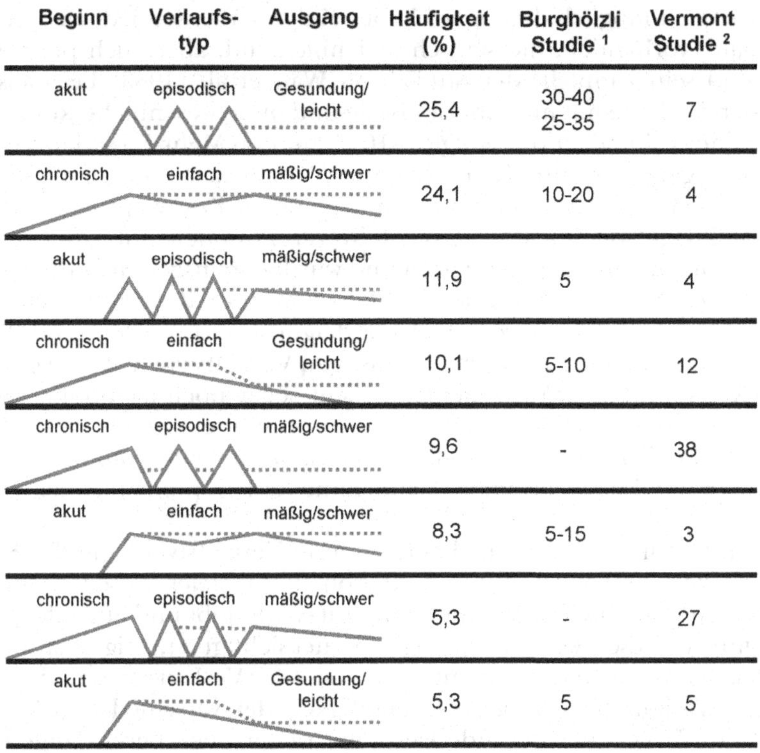

Beginn	Verlaufs-typ	Ausgang	Häufigkeit (%)	Burghölzli Studie [1]	Vermont Studie [2]
akut	episodisch	Gesundung/leicht	25,4	30-40 25-35	7
chronisch	einfach	mäßig/schwer	24,1	10-20	4
akut	episodisch	mäßig/schwer	11,9	5	4
chronisch	einfach	Gesundung/leicht	10,1	5-10	12
chronisch	episodisch	mäßig/schwer	9,6	-	38
akut	einfach	mäßig/schwer	8,3	5-15	3
chronisch	episodisch	mäßig/schwer	5,3	-	27
akut	einfach	Gesundung/leicht	5,3	5	5

Abb. 2. Heterogenität schizophrener Krankheitsverläufe. 1 Bleuler (1972); 2 Harding et al. (1987)

kung, häufig einhergehend mit lebenslangen Beeinträchtigungen und einem Ausgang, der ungünstiger ist als jener anderer psychiatrischer Erkrankungen. Die Erkrankung verschlechtert sich nicht zwangsläufig mit zunehmender Dauer, häufig erreicht sie 5–10 Jahre nach Ersterkrankung ein Plateau und zeigt im Querschnitt auch viele Jahre nach Erkrankungsbeginn eine intra- und interindividuelle Heterogenität (siehe Abb. 2).

Obgleich also eine Beschreibung charakteristischer Verlaufstypen der Schizophrenie aufgrund der erwähnten methodischen Probleme schwierig ist, kann trotzdem festgestellt werden, dass die Mehrzahl der Patienten nach Manifestation der ersten Krankheitsepisode weitere Krankheitsepisoden erleiden und die Schizophrenie ihrer Natur nach daher eher als eine chronische beziehungsweise rezidivierende Erkrankung angesehen werden muss. Der Beginn der schizophrenen Erkrankung bewegt sich zwischen den Polen akut und schleichend, wobei sich bei akuten Krankheitsmanifestationen das Vollbild einer Psychose oft binnen Tagen oder Wochen aus vollkommener Gesundheit entwickelt und bei schleichend beginnenden Schizophrenien vor dem Vollbild der Psychose ein oft jahrelanger, im wesentlichen durch Negativsymptome charakterisierter, gradueller Abbauprozess feststellbar ist. Nach Entwicklung der ersten psychotischen Episode ist eine vollkommene Gesundung prinzipiell möglich, häufiger bleibt bei den Patienten jedoch eine Restsymptomatik vorhanden, die statisch gleichbleibend, aber auch progredient anwachsend sein kann. In der Studie von Watt et al. (1983) beispielsweise fanden sich Verläufe mit nur einer Episode und ohne wesentliche Restsymptomatik in einer Häufigkeit von lediglich 16%. Für den Mehr-Episoden-Verlaufstyp mit geringer oder ohne Restsymptomatik zeigte sich eine Häufigkeit von 32%. Der Mehr-Episoden-Verlaufstyp mit mäßigen Restsymptomen war mit einer Häufigkeit von 9% vertreten. Mehrerer Episoden mit anwachsender Restsymptomatik waren am häufigsten und wurden in insgesamt 43% der Fälle gefunden. Da die Patienten in der Studie von Watt et al. (1983) nach einem eher weitgefassten Schizophreniekonzept diagnostiziert wurden, sind die Angaben zu den Häufigkeiten der eher günstigen Verlaufstypen (keine oder nur geringe Restsymptomatik) aus heutiger Sicht sogar noch als optimistisch zu bewerten. Bei Zugrundelegung engerer Schizophreniekonzepte (z. B. ICD-10 oder DSM-IIIR/IV) werden episodische Verläufe mit Restsymptomatik deutlich häufiger und Einzelepisodenverläufe ohne Restsymptomatik eher seltener gefunden.

Eine andere in der Literatur häufig zitierte Verlaufstypologie der Schizophrenie ist jene von Ciompi (1980, siehe Abb. 2). Obgleich diese Verlaufstypologie die Heterogenität der Verläufe sehr gut wiedergibt und auch der Krankheitsbeginn in dieser Verlaufstypologie berücksichtigt ist, zeigt sich im Vergleich der Befunde von Ciompi mit denen anderer Verlaufsstudien doch eine erhebliche Varianz hinsichtlich der Häufigkeit der verschiedenen Verlaufstypen. Diese Varianz der Befunde kann, wie weiter oben bereits angedeutet, auf methodische Unterschiede zwischen den Studien zurückgeführt werden. Für andere Autoren spiegelt sich in dieser Varianz aber auch die Unschärfe der verschiedenen Schizophreniekonzepte selbst wieder, mit denen eben nicht nur eine, sondern mehrere Krankheiten ähnlicher phänomenologischer Ausprägung diagnostiziert werden (Kendler et al. 1995, Stroemgen 1992). Insofern ist davon auszugehen, dass solange die Diagnostik der Schizophrenie primär auf phänomenologischer Basis erfolgt, jedwede Verlaufstypologie arbiträr bleiben muss.

Ähnlich wie bei den Befunden zur Verlaufstypisierung verhält sich die Situation hinsichtlich des Ausgangs oder Outcomes der Schizophrenie. Da die Begriffe *Ausgang* oder *Outcome* suggerieren, dass schizophrene Erkrankungen einen klar zu definierenden statischen Endpunkt aufweisen, was abgesehen von jenen Patienten, die sich im Verlauf ihrer Erkrankung suizidieren (10%–15%, Meltzer 2002, Caldwell et al. 1992), nicht der Fall ist, muss zunächst klargestellt werden, dass der *Outcome* schizophrener Erkrankungen sich in der Regel auf einen zuvor definierten Zeitpunkt bezieht (Anmerkung: Meistens handelt es sich dabei um das vordefinierte Ende einer Studie.) und insgesamt als komplexer dynamischer Adaptionsprozess verstanden werden muss, der sich auf verschiedenen und sich wechselseitig beeinflussenden Ebenen abspielt (Bottlender et al. 2000). Selbst nach länger andauernden, quasi statischen Endphasen der Erkrankung können bei einem gewissen Prozentsatz schizophrener Patienten im weiteren Verlauf nochmals deutliche Zustandsverbesserungen eintreten (z. B. Harding et al. 1987).

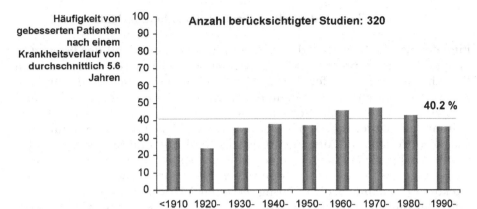

Abb. 3. One hundred years of schizophrenia: a meta-analysis of the outcome literature (Hegarty et al. 1994)

Ungeachtet dieser Problematik bleibt jedoch bezüglich der globalen Betrachtung des Ausgangs über alle Studien hinweg eine vollkommene Gesundung im Sinne einer Restitutio ad integrum als Ausgang der Schizophrenie eher die Seltenheit. Die Mehrzahl der Patienten weist nach der ersten oder weiteren Krankheitsepisoden dauerhafte Beeinträchtigungen auf, die jedoch in ihrer Ausprägung und Art erheblich variieren können. Hegarty et al. (1994) berichteten in einer Metaanalyse von insgesamt 320 Verlaufsstudien mit 51800 Patienten, dass 40% der schizophrenen Patienten eine Verbesserung ihrer klinischen Symptomatik in einem durchschnittlichen Follow-Up-Zeitraum von 6 Jahren aufwiesen (siehe Abb. 3). Bei Zugrundelegung engerer Schizophreniekonzepte lag die Verbesserungsrate dann aber nur noch bei knapp 27% der schizophrenen Patienten, was anders ausgedrückt bedeutet, dass mehr als zwei Drittel der Patienten keine Verbesserung oder gar eine weitere Verschlechterung ihres Zustandsbildes aufwiesen (siehe Abb. 4).

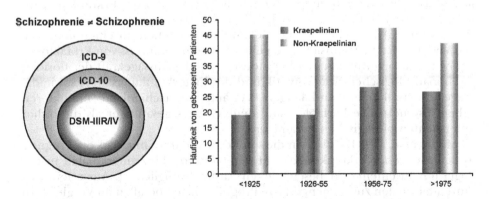

Abb. 4. Vergleich des Outcomes von nach verschiedenen Konzepten diagnostizierten Schizophrenien (Hegarty et al. 1994)

Prädiktoren des schizophrenen Krankheitsverlaufs

Eine der Kardinalaufgaben der Medizin im allgemeinen und der Psychiatrie im speziellen ist es, prognostische Aussagen über den weiteren zu erwartenden Krankheitsverlauf zu treffen. Die Art der Prognose (z. B. günstig oder ungünstig) ist dabei in der Regel eng mit der festgestellten Diagnose verknüpft und wird zusätzlich durch das Vorhandensein oder Nicht-Vorhandensein krankheitsmodulierender Faktoren beeinflusst. Die Gültigkeit der Verknüpfung von Diagnose, Verlauf und Ausgang wurde von Kahlbaum und Kraepelin auch für psychiatrische Erkrankungen angenommen, wobei im wesentlichen davon ausgegangen wurde, dass schizophrene Erkrankungen eher ungünstig und affektive Erkrankungen eher günstig verlaufen. Wie weiter vorne bereits ausgeführt, musste diese Sichtweise jedoch revidiert werden, und so wird heute weithin anerkannt, dass die Verläufe und Ausgänge psychiatrischer Krankheitsbilder wie z.B. jene schizophrener oder affektiver Erkrankungen keineswegs uniform sind, sondern sehr heterogen und im Einzelfall schwer prädizierbar sind. Diese Problematik besteht aber nicht nur für die psychiatrische Prädiktorforschung, sondern betrifft auch andere Bereiche der Wissenschaft wie dies in einem Zitat von Brian Sleeman (1999) sehr schön verdeutlicht wird. In einer Besprechung des Buches „The Nature of Mathematical Modeling" von Neil Gershenfeld schrieb Brian Sleeman „Over the last two decades, we have realized that we do not inhabit a comfortable deterministic world, one in which events and predictions are based on secure initial states and conditions with well-defined outcomes. More commonly, phenomena depend on imprecise „noisy" data and outcomes are far from predictable. This is clearly the case in predicting weather or the behavior of stock markets, but even the bouncing of a tennis ball or the cueing of a billiard ball are not really deterministic: over time, they display chaotic and random outcomes".

Bezüglich des Standes der Prädiktorforschung zur Schizophrenie kommen Hubschmid und Ciompi (1990) in einer Übersichtsarbeit zu folgendem Schluss: „Als gesichert kann gelten: Eine gute prämorbide Anpassung, eine harmonische prämorbide Persönlichkeit sowie ein akuter Krankheitsbeginn sind statistische Prädiktoren für einen günstigen Verlauf der Erkrankung; ein schleichender Beginn, die Entwicklung von starken Negativsymptomen und ein schlechtes Ansprechen auf die Behandlung sprechen für einen ungünstigen Verlauf." [...] „Als unsicher zu gelten haben der Einfluss von Erbfaktoren und von neuropathologischen Veränderungen, die Aussagekraft der floriden psychopathologischen Symptomatik und des Ersterkrankungsalters sowie die Frage, ob für kürzere und längere Verläufe unterschiedliche Prädiktoren gelten. Psychosoziale Variablen sind deutlich aussagekräftiger als die bisher untersuchten biologischen Parameter."

Möller et al. (1984) weisen in diesem Kontext darauf hin, dass die Prognostik schizophrener Erkrankungen auf der Basis von Einzelmerkmalen in der Regel nur in einem sehr bescheidenen Ausmaß möglich ist. Aus relevanten Einzelmerkmalen zusammengesetzte Prognoseskalen besaßen im Vergleich zu den jeweiligen Einzelmerkmalen dieser Skalen bei der Analyse der Daten einer Studie zum 5-Jahresverlauf schizophrener Patienten eine deutlich höhere Aussagekraft für die Prognostik des 5-Jahres-Outcomes (Möller et al. 1984, 1986). Verschiedene Einzelfaktoren, die von den meisten Autoren mit einem besseren oder ungünstigeren Verlauf und Ausgang der Schizophrenie in Zusammenhang gebracht werden und auch in mehreren Studien repliziert werden konnten, sind in Tabelle 1 angeführt.

Im Zuge der im letzten Jahrzehnt vorgenommenen Fokussierung der Schizophrenieforschung auf Patienten mit Erstmanifestationen schizophrener Erkrankungen wurde zahlreiche neue Erkenntnisse über die Schizophrenie, deren Verlauf und diesbezüglicher Prädiktoren gewonnen. Hierbei zeigte sich beispielsweise, dass schizophrene Patienten trotz Vorliegens produktiv psychotischer Symptome immens lange Zeiträume in unserer Gesellschaft leben können ohne als krank diagnostiziert und einer effektiven Behandlung zugeführt zu werden. Im Schnitt vergehen bei ersterkrankten schizophrenen Patienten vom Auftreten erster psychotischer Symptome bis zum Beginn einer effektiven Behandlung ein bis zwei Jahre (McGlashan 1999). Darüber hinaus mehrten sich auch Befunde, die nahe legten, dass diese Zeiträume ausbleibender Behandlung – im weiteren Dauer dieser unbehandelten Psychose genannt

Tabelle 1. Häufig genannte Einflussfaktoren auf den Verlauf der Schizophrenie

Faktoren, die auf einen besseren Verlauf der Schizophrenie hinweisen	Faktoren, die auf einen schlechteren Verlauf der Schizophrenie hinweisen
Weibliches Geschlecht	Männliches Geschlecht
Akuter Beginn	Schleichender Beginn
Kurze Dauer der ersten Episode	Lange Dauer der ersten Episode
Höheres Alter bei Beginn der Krankheit	Jüngeres Alter bei Beginn der Krankheit
Gute prämorbide Anpassung auf den Gebieten der sozialen Beziehungen und der Beschäftigung; unauffällige prämorbide psychiatrische Vorgeschichte	Schlechte prämorbide Anpassung; schlechte prämorbide Schul- und Arbeitsanamnese; Substanzmissbrauch und andere prämorbide psychische Krankheiten
Negative Familienanamnese für Schizophrenien	Positive Familienanamnese für Schizophrenien
Vorherrschen von positiven und Fehlen von negativen Symptomen	Stark ausgeprägte negative Symptome
Fehlen von Kritik, Feindseligkeit oder Überengagement in der Heim- und Familienatmosphäre	Exzessive Kritik, Feindseligkeit und Überengagement in der Heim- und Familienatmosphäre
Unauffällige Gehirnmorphologie und Fehlen neurologischer Auffälligkeiten	Abnormitäten des Gehirns und Vorhandensein von leichten neurologischen Auffälligkeiten

(DUP) – für das unmittelbare Ansprechen auf die neuroleptische Therapie als auch für den daran anschließenden Krankheitsverlauf prognostisch bedeutsam sein könnten. Die in diesem Kontext formulierte Hypothese lautete: Je länger die DUP, desto ungünstiger ist das Ansprechen auf die Therapie und desto ungünstiger ist der weitere Krankheitsverlauf und desto ungünstiger ist auch der Ausgang der Schizophrenie.

Mittlerweile konnten die ungünstigen Effekte der DUP in einer Reihe von Studien für ganz unterschiedliche Outcomedimensionen wie beispielsweise die Psychopathologie (z.B. Edwards et al. 1998, Haas et al. 1998), das globale Funktionsniveau (z.B. Black et al. 2001, Larsen et al. 2000), die Lebensqualität (z.B. Carbone et al. 1999, McGorry et al. 1996) oder das kognitive Funktionsniveau (z.B. Amminger et al. 2002, Scully et al. 1997) nachgewiesen werden. In einer an der Ludwig-Maximilians-Universität München durchgeführten Untersuchung mit den Daten von 998 ersthospitalisierten schizophrenen Patienten fand sich, dass eine längere DUP einen signifikant ungünstigen Einfluss auf die zum Ende der ersten stationär psychiatrischen Behandlung vorliegende Negativ- und Positivsymptomatik als auch das erreichte globale Funktionsniveau der untersuchten Patienten aufwies. Zudem zeigte sich, dass die Therapieresponse bei längerer DUP nicht nur inkompletter war, sondern zudem auch noch längere Behandlungszeiten in Anspruch nahm (Bottlender et al. 2000). Diese Effekte der DUP bestanden unabhängig von dem Alter, dem Geschlecht oder der Art des Krankheitsbeginns. In einer weiteren Untersuchung mit 196 ersthospitalisierten Patienten (152 Patienten mit der ICD-10 Diagnose einer schizophrenen Störung, 44 Patienten mit der ICD-10 Diagnose einer schizoaffektiven Störung) fanden sich diese Befunde bestätigt. Darüber hinaus konnte in dieser Studie auch die Unabhängigkeit der Effekte der DUP von Einflüssen der prämorbiden Anpassung dargestellt werden (Bottlender et al. 2002). Vergleichbare Befunde hinsichtlich der Unabhängigkeit der Effekte der DUP von denen der prämorbiden Anpassung wurden auch von anderen Autoren berichtet.

Unzureichend untersucht blieb jedoch bis in die jüngere Vergangenheit die Frage, ob sich die Effekte der DUP auf den kürzeren und mittelfristigen Verlauf beschränken oder ob solche Effekte auch für den Langzeitverlauf der Schizophrenie (> 10 Jahre) nachweisbar sind. Evidenzen für Langzeiteffekte der DUP basierten bis dahin im wesentlichen auf indirekten Hinweisen (Wyatt 2001) und den Ergebnissen weniger retrospektiver Studien (z.B. Fenton et al. 1987, Helgason 1990, Lo et al. 1977). Indirekte Evidenzen für den Einfluss der DUP auf den Langzeitverlauf der Schizophrenie ergaben sich beispielsweise aus der Studie von Wyatt et al. (1997). In dieser Studie reanalysierten die Autoren die Daten einer älteren Verlaufsstudie von May et al. (1981), in welcher der Verlauf von 228 ersterkrankten schizophrenen Patienten untersucht wurde. Die Patienten wurden initial entweder in einen Therapiearm mit neuroleptischer Behandlung oder in einen Therapiearm ohne neuroleptische Behandlung behandelt. Im Vergleich zu den Patienten, die initial ohne Neuroleptika (= längere DUP) behandelt worden waren, mussten Patienten, die neuroleptisch behandelt worden waren (= kürzere DUP), zwei Jahre nach Entlassung aus der ersten stationären Behandlung signifikant seltener rehospitalisiert werden. Weitere sechs bis sieben Jahre später wies die neuroleptisch behandelte Gruppe ein signifikant höheres Funktionsniveau auf als die Gruppe von Patienten, die nicht neuroleptisch behandelt worden war. In einer neueren prospektiven Studie berichteten Waddington et al. (1995), dass in ihrer 10-Jahres-Verlaufsstudie die Patienten mit einer initial längeren DUP zum 10-Jahresuntersuchungszeitpunkt eine signifikant stärker ausgeprägte Negativ-symptomatik aufwiesen. In einer Fortführung dieser Studie fanden Scully et al. (1997) den Zusammenhang der DUP mit der Negativsymptomatik (PANSS-Subskala) für den Zwölf-Jahres-Verlauf erneut bestätigt und konstatierten überdies einen Zusammenhang zwischen der DUP und dem Ausmaß kognitiver Störungen. In einer weiteren prospektiven Studie, welche den Einfluss der DUP vor Ersthospitalisierung auf den 15-Jahresverlauf und Ausgang einer nach den DSM-III-R Kriterien diagnostizierten Gruppe schizophrener Patienten untersuchte, konnte gezeigt werden, dass Patienten mit kürzerer DUP im Vergleich zu Patienten mit längerer DUP nach 15-jährigem Krankheitsverlauf signifikant stärker ausgeprägte negative, positive und allgemeinpsychopathologische Symptome wie auch ein niedrigeres globales Funktionsniveau auswiesen (Bottlender et al. 2003).

Zusammenfassung und Fazit

Die Schizophrenie muss ihrer Natur nach bei den meisten Patienten als eine chronische beziehungsweise rezidivierende Erkrankung angesehen werden. Dies verhält sich auch in Zeiten moderner Therapieverfahren nicht prinzipiell anders: So kann mit modernen Therapieverfahren zwar bei mindestens $2/3$ der Patienten, die zum ersten Mal in ihrem Leben eine schizophrene Krankheitsepisode erleiden, eine gute Remission der Symptomatik erzielt werden, bei den meisten dieser Patienten kommt es in den zwei darauf folgenden Jahren dann aber erneut zu einem Rezidiv der Erkrankung und nach weiteren drei bis fünf Jahren weisen schlussendlich etwa $2/3$ der an einer Schizophrenie erkrankten Menschen dauerhafte Beeinträchtigungen durch ihre Erkrankung auf. Bei einem Drittel dieser Patienten sind diese Beeinträchtigungen so massiv ausgeprägt, dass von dem Vorliegen eines schizophrenen Residuums oder Defizit-Syndroms gesprochen werden muss (Bottlender et al. 2001). Die soziale Dimension dieser Beeinträchtigungen spiegelt sich in dauerhafter Arbeits- oder Berufslosigkeit, einem Leben ohne Partnerschaft und auch ansonsten weitgehender sozialer Isolation sowie der Notwendigkeit einer kontinuierlichen Versorgung durch die vorhandenen Gesundheitssysteme wieder (Bottlender et al. 1999, 2003, 2004).

   Durch die Fokussierung der Schizophrenieforschung auf ersterkrankte schizophrene Patienten wurde im letzten Jahrzehnt zunehmend erkannt, dass der Boden für diese, trotz verbesserter therapeutischer Strategien, nach wie vor häufig anzutreffenden ungünstigen Verlaufsentwicklungen, bereits in den frühen Stadien der Erkrankung bereitet wird. Die mittlerweile auf eine Vielzahl empirischer Befunde gestützte Erkenntnis, dass zahlreiche erstmalig manifest psychotisch erkrankte schizophrene Patienten trotz ausgeprägter psychotischer Symptomatik Monate oder gar Jahre undiagnostiziert und unbehandelt bleiben und die Dauer dieser unbehandelten psychotischen Symptomatik (*DUP* = Duration of Untreated Psychosis) das Ansprechen auf die Therapie als auch den insgesamten Krankheitsverlauf ungünstig beeinflusst, führte in den vergangenen Jahren zu einem fundamentalen Umdenken hinsichtlich der geltenden therapeutischen und diagnostischen Prinzipien. Die besondere Relevanz der Befunde zu den verlaufsungünstigen Auswirkungen der DUP ist unter anderem darin zu sehen, dass die DUP im Unterschied zu den meisten anderen für den Verlauf der Schizophrenie prognostisch bedeutsamen Faktoren prinzipiell beeinflussbar ist. Vor diesem Hintergrund wurden in den letzten Jahren weltweit Früherkennungs- und Frühinterventionsstudien in Gang gesetzt, die neben dem Nahziel, den Verlauf der Schizophrenie durch eine Reduktion der DUP zu verbessern (Sekundärprävention), darüber hinaus auch das Fernziel verfolgen, durch eine verbesserte und frühere Diagnostik und Therapie, den Ausbruch der produktiv psychotischen Phase der Schizophrenie verzögern, abzumildern oder gar verhindern zu können (Primärprävention). Der Gedanke einer primären Prävention der schizophrenen Erkrankung ist neu. Die Voraussetzungen für dessen Realisierung in diagnostischer, therapeutischer und infrastruktureller Hinsicht werden gerade in zahlreichen Ländern etabliert und weiter erforscht.

Literatur

Amminger GP, Edwards J, Brewer WJ, Harrigan S, McGorry PD (2002) Duration of untreated psychosis and cognitive deterioration in first-episode schizophrenia. Schizophr Res 54 (3): 223–230

Andreasen NC (1991) Assessment issues and the cost of schizophrenia. Schizophr Bull 17 (3): 475–481

Black K, Peters L, Rui Q, Milliken H, Whitehorn D, Kopala LC (2001) Duration of untreated psychosis predicts treatment outcome in an early psychosis program. Schizophr Res 47 (2–3): 215–222

Bleuler M (1972) Die schizophrenen Geistesstörungen im Lichte langjähriger Kranken- und Familiengeschichten. Thieme, Stuttgart

Bottlender R, Sato T, Jäger M, Groll C, Strauss A, Möller H-J (2002) The impact of duration of untreated psychosis and premorbid functioning on outcome of first inpatient treatment in schizophrenic and schizoaffective patients. Eur Arch Psychiatry Clin Neurosci 252 (5): 226–231

Bottlender R, Möller H-J (2003) The impact of the duration of untreated psychosis (dup) on the short- and longterm outcome in schizophrenia. Curr Opin Psychiatry 16 [Suppl 2]: 39–43

Bottlender R, Jäger M, Groll C, Strauss A, Moller H-J (2001) Deficit states in schizophrenia and their association with the length of illness and gender. Eur Arch Psychiatry Clin Neurosci 251 (6): 272–278

Bottlender R, Jäger M, Wegner U, Wittmann J, Strauss A, Möller H-J (2003a) Die Bedeutung der Dauer der Psychose vor Erstbehandlung für den Langzeitverlauf der Schizophrenie. In: Möller H-J, Müller N (Hrsg) Schizophrenie: Langzeitverlauf und Langzeittherapie. Springer, Wien New York, S 9–22

Bottlender R, Möller H-J (2004) Psychische Störungen und ihre sozialen Folgen. In: Gaebel W, Möller H-J, Rössler W (Hrsg) Stigma – Diskriminierung – Bewältigung. Kohlhammer, Stuttgart, S 7–17

Bottlender R, Strauss A, Möller HJ (2000) Impact of duration of symptoms prior to first hospitalization on acute outcome in 998 schizophrenic patients. Schizophr Res 44 (2): 145–150

Bottlender R, Strauß A, Möller H-J (2000) Methodische Probleme der Prädiktorforschung. In: Engel R, Maier W, Möller HJ (Hrsg) Methodik von Verlaufs- und Therapiestudien in Psychiatrie und Psychotherapie. Hogrefe, Göttingen, S 151–158

Bottlender R, Wegner U, Wittmann J, Strauss A, Moller H-J (1999) Deficit syndromes in schizophrenic patients 15 years after their first hospitalisation: preliminary results of a follow-up study. Eur Arch Psychiatry Clin Neurosci 249 [Suppl 4]: 27–36

Bottlender R, Wegner U, Wittmann J, Strauss A, Möller H-J (2003) Phänomenologie des Verlaufs schizophrener Erkrankungen: Ergebnisse aus der Münchner 15-Jahres-Verlaufsstudie funktioneller Psychosen. In: Soyka M, Möller H-J, Wittchen H-U (Hrsg) Psychopathologie im Längsschnitt. ecomed, Landsberg, S 113–126

Caldwell CB, Gottesman II (1992) Schizophrenia – a high-risk factor for suicide: clues to risk reduction. Suicide Life Threat Behav 22 (4): 479–493

Carbone S, Harrigan S, McGorry PD, Curry C, Elkins K (1999) Duration of untreated psychosis and 12-month outcome in first-episode psychosis: the impact of treatment approach. Acta Psychiatr Scand 100 (2): 96–104

Ciompi L (1980) Catamnestic long-term study on the course of life and aging of schizophrenics. Schizophr Bull 6 (4): 606–618

Ciompi L, Müller C (1976) Lebensweg und Alter der Schizophrenen. Eine katamnestische Langzeitstudie bis ins Senium. Springer, Berlin Heidelberg

Edwards J, Maude D, McGorry PD, Harrigan SM, Coks JT (1998) Prolonged recovery in first-episode psychosis. Br J Psychiatry 172 [Suppl 33]: 107–116

Fenton WS, McGlashan TH (1987) Sustained remission in drug-free schizophrenic patients. Am J Psychiatry 144 (10): 1306–1309

Haas GL, Garratt LS, Sweeney JA (1998) Delay to first antipsychotic medication in schizophrenia: impact on symptomatology andclinical course of illness. J Psychiatr Res 32 (3–4): 151–159

Harding CM, Brooks GW, Ashikaga T, Strauss JS, Breier A (1987) The Vermont longitudinal study of persons with severe mental illness. II. Long-term outcome of subjects who retrospectively met DSM-III criteria for schizophrenia. Am J Psychiatry 144 (6): 727–735

Hegarty JD, Baldessarini RJ, Tohen M, Waternaux C, Oepen G (1994) One hundred years of schizophrenia: a meta-analysis of the outcome literature. Am J Psychiatry 151 (10): 1409–1416

Helgason L (1990) Twenty years' follow-up of first psychiatric presentation for schizophrenia: what could have been prevented? Acta Psychiatr Scand 81 (3): 231–235

Huber G, Gross R, Schüttler R (1979) Schizophrenie: Verlaufs- und sozialpsychiatrische Langzeituntersuchungen an den 1949–1959 in Bonn hospitalisierten schizophren Kranken. Springer, Berlin Heidelberg New York

Hubschmid T, Ciompi L (1990) Prädiktoren des Schizophrenieverlaufs – eine Literaturübersicht. Fortschr Neurol Psychiatr 58 (10): 359–366

Jablensky A (2000) Epidemiology of schizophrenia: the global burden of disease and disability. Eur Arch Psychiatry Clin Neurosci 250 (6): 274–285

Kendler KS, Neale MC, Walsh D (1995) Evaluating the spectrum concept of schizophrenia in the Roscommon Family Study. Am J Psychiatry 152 (5): 749–754

Kraepelin E (1899) Zur Diagnose und Prognose der Dementia praecox. Allg Z Psychiatrie 56: 254–263

Larsen TK, Moe LC, Vibe-Hansen L, Johannessen JO (2000) Premorbid functioning versus duration of untreated psychosis in 1 year outcome in first-episode psychosis. Schizophr Res 45 (1–2): 1–9

Lo WH, Lo T (1977) A ten-year follow-up study of Chinese schizophrenics in Hong Kong. Br J Psychiatry 131: 63–66

Mason P, Harrison G, Glazebrook C, Medley I, Dalkin T, Croudace T (1995) Characteristics of outcome in schizophrenia at 13 years. Br J Psychiatry 167 (5): 596–603
May PR, Tuma AH, Dixon WJ, Yale C, Thiele DA, Kraude WH (1981) Schizophrenia. A follow-up study of the results of five forms of treatment. Arch Gen Psychiatry 38 (7): 776
McGlashan TH (1988) A selective review of recent North American long-term follow-up studies of schizophrenia. Schizophr Bull 14 (4): 515–542
McGlashan TH (1999) Duration of untreated psychosis in first-episode schizophrenia: marker or determinant of course? Biol Psychiatry 46 (7): 899–907
McGorry PD, Edwards J, Mihalopoulos C, Harrigan SM, Jackson HJ (1996) EPPIC: an evolving system of early detection and optimal management. Schizophr Bull 22 (2): 305–326
Meltzer HY (2002) Suicidality in schizophrenia: a review of the evidence for risk factors and treatment options. Curr Psychiatry Rep 4 (4): 279–283
Möller HJ, Scharl W, von Zerssen D (1984) The Strauss-Carpenter Scale: evaluation of its prognostic value for the 5-year outcome of schizophrenic patients. Eur Arch Psychiatry Neurol Sci 234 (2): 112–117
Möller HJ, Schmid-Bode W, Cording-Tommel C, Wittchen HU, Zaudig M, von Zerssen D (1988) Psychopathological and social outcome in schizophrenia versus affective/ schizoaffective psychoses and prediction of poor outcome in schizophrenia Results from a 5–8 year follow-up. Acta Psychiatr Scand 77 (4): 379–389
Möller HJ, Schmid-Bode W, von Zerssen D (1986) Prediction of long-term outcome in schizophrenia by prognostic scales. Schizophr Bull 12 (2): 225–234
Möller HJ, von Zerssen D (1986) Der Verlauf schizophrener Psychosen unter den gegenwärtigen Behandlungsbedingungen. Springer, Berlin Heidelberg New York Tokyo
Munk-Jorgensen P, Mortensen PB (1989) Schizophrenia: a 13-year follow-up. Diagnostic and psychopathological aspects. Acta Psychiatr Scand 79 (4): 391–399
Murray CJL, Lopez AD (eds) (1996) The global burden of disease: a comprehensive assessment of mortality and disability from diseases, injuries, and risk factors in 1990 and projected to 2020. Harvard University Press, Cambridge, MA
Riecher-Rossler A, Rossler W (1998) The course of schizophrenic psychoses: what do we really know? A selective review from an epidemiological perspective. Eur Arch Psychiatry Clin Neurosci 248 (4): 189–202
Scully PJ, Coakley G, Kinsella A, Waddington JL (1997) Psychopathology executive (frontal) and general cognitive impairment in relation to duration of initially untreated versus subsequently treated psychosis in chronic schizophrenia. Psychol Med 27: 1303–1310
Sleeman B (1999) Comment on „The Nature of Mathematical Modeling" by Neil Gershenfeld. Science 285: 842
Stromgren E (1992) The concept of schizophrenia: the conflict between nosological and symptomatological aspects. J Psychiatr Res 26 (4): 237–246
Waddington JL, Youssef HA, Kinsella A (1995) Sequential cross-sectional and 10-year prospective study of severe negative symptoms in relation to duration of initially untreated psychosis in chronic schizophrenia. Psychol Med 25 (4): 849–857
Watt DC, Katz K, Shepherd M (1983) The natural history of schizophrenia: a 5-year prospective follow-up of a representative sample of schizophrenics by means of a standardized clinical and social assessment. Psychol Med 13 (3): 663–670
Wyatt RJ, Green MF, Tuma AH (1997) Long-term morbidity associated with delayed treatment of first admission schizophrenic patients: a re-analysis of the Camarillo State Hospital data. Psychol Med 27: 261–268

Korrespondenz: PD Dr. R. Bottlender, East London and the City Mental Health NHS Trust, Department of Psychiatry, Newham Centre for Mental Health, Glen Road, London E13 8SP, United Kingdom, e-mail: ronald.bottlender@elcmht.nhs.uk

Bildgebende Verfahren in der Schizophrenieforschung

E. M. Meisenzahl und **H.-J. Möller**

Klinik für Psychiatrie und Psychotherapie, Ludwig-Maximilians-Universität, München, Bundesrepublik Deutschland

Einleitung

Die Bildgebenden Verfahren in der psychiatrischen Forschung haben in den letzten Jahren wichtige Beiträge zur Aufklärung der möglichen Pathogenese psychiatrischer Erkrankungen und der Wirkungsweise therapeutischer Interventionen geliefert.

Die unterschiedlichen Verfahren wie die der PET, SPECT und Magnetresoanztomographie ermöglichen in-vivo Einblicke in das ZNS: den ZNS-Stoffwechsel, die Rezeptorverfügbarkeit verschiedener Botenstoffe und ihrer Rezeptorsysteme, den Blutfluss im Verlauf kognitiver Stimulationen, indirekt damit der neuronalen Aktivität sowie die strukturelle Zusammensetzung von makroskopischen und mikroskopisch- anatomischen Ebenen.

Ausgangspunkt des Interesses, die noch ungeklärte Pathogenese schizophrener Störungen mittels dieser Methoden zu untersuchen waren ursprünglich Hinweise auf primär strukturelle Hirnveränderungen, die sich aus neuropathologischen, aus bildgebenden pneumenzephalographischen und frühen computertomographischen Befunde ergeben.

Post-mortem zeigten sich bei schizophrenen Patienten makroskopisch Ventrikelerweiterungen und eine Reduktion des Gesamthirnvolumens. In histologischen Untersuchungen konnten Zellverkleinerungen, Zellzahlreduktionen und eine veränderte Zytoarchitektur sowohl in der Hippokampusformation als auch in kortikalen Arealen nachgewiesen werden. Die Datenlage bezüglich letzterer Befunde ist jedoch nicht immer einheitlich und mit den generellen methodischen Problemen der Post-mortem Forschung behaftet, die es folgerichtig erscheinen lassen, Verfahren einzusetzen, die eine *in-vivo* ZNS-Untersuchung am Menschen ermöglichen.

Die technischen Entwicklungsschritte der modernen Bildgebung bilden sich auch in den jeweiligen Phasen der wissenschaftlichen Schizophrenieforschung ab. Ausgehend von den frühen pneumenzephalographischen Messungen im Zeitraum von 1927 bis in die sechziger Jahre, weiter über die erste tomographische *in-vivo* ZNS-Untersuchung mittels der cCT im Jahre 1976 führt der Weg zu der inzwischen dominierenden Technik der zerebralen Magnetresonanztomographie in den Neunziger Jahren des 20. Jahrhunderts. In diesem, von der Wissenschaftsgemeinschaft gewählten „Jahrzehnt des Gehirns" kann die zerebrale MRT als eine zentrale *in-vivo* Methode zur Analyse von Struktur und Funktion des ZNS wesentliche Befunde beitragen.

Strukturelle Hirnveränderungen sind sowohl bei ersterkrankten sowie rezidivierend erkrankten schizophrenen Patienten im vergangenen Jahrhundert mit allen drei genannten Bildgebungsverfahren beschrieben worden. Als Ursache der nachgewiesenen Veränderungen wird als Haupthypothese eine zerebrale Hirnentwicklungsstörung im Embryonal- oder Fetalstadium diskutiert. In den bisher durchgeführten MRT-Studien bei schizophrenen Patienten konnte im Vergleich zu gesunden Kontrollkollektiven wiederholt ein erweitertes inneres Ventrikelsystem nachgewiesen werden. Darüberhinaus wurden Volumenreduktionen in unterschiedlichen Hirnregionen nachgewiesen. Die gefundenen ZNS-Veränderungen treten möglicherweise krankheitsspezifisch bei schizophren Erkrankten auf. Im Einzelnen zeigten die morphometrischen Messungen eine Volumenreduktion im Bereich des Frontallappens und des Temporallappens unter Beteiligung limbischer Strukturen (Wright 2000). In diesem Zusammenhang wurde beispielsweise die Hypothese einer fronto-temporalen Diskonnektionsstörung entwickelt, wobei die Datenlage keinen eindeutigen Beweis für diese Hypothese gestattet. Es gibt eine Anzahl von weiteren Störungkonzepten i.S. eines Dyskonnektionssyndroms, so beispielsweise die „cogntive Dysmetria" (Andreasen 1999). Schließlich zeigen eine Reihe von Studien diffuse Volumenverkleinerungen der gesamten grauen Substanz, welche konzeptuell nicht einfach einzuordnen sind.

Für die uneinheitliche Befundlage der bisherigen Studien müssen mehrere Gründe diskutiert werden: 1. das klinisch heterogene Krankheitsbild der Schizophrenie, welches möglicherweise pathogenetisch eigenständige Untergruppen in sich birgt, die gemeinsame hirnstrukturelle Auffälligkeiten haben, 2. die methodisch unterschiedlichen Herangehensweisen und Standards. So verfügten bis vor wenigen Jahren nicht viele spezialisierte Zentren über methodisch valide Auswerteverfahren von MRT-Datensätzen; und 3. die bis vor kurzem noch häufige Beschränkung auf die Untersuchung von anatomischen Einzelregionen in einer Vielzahl von Einzelstudien, die jedoch eine Gesamtbeurteilung der möglichen strukturellen Unterschiede des ZNS zwischen Vergleichsgruppen unmöglich machte.

Bei der Generierung neuer pathogenetischer Konzepte für die Schizophrenieforschung steht schließlich die zentrale Forschungsstrategie der Zusammenführung von unterschiedlichen potentiellen biologischen Markern wie struktureller MRT mit neurophysiologischen, genetischen, neuroimmunologischen, endokrinologischen sowie funktionell-bildgebenden Meßparametern zunehmend im Mittelpunkt. Dieser Kombinationsansatz erscheint insbesondere unter dem Gesichtspunkt als legitimer Weg, als dass die fehlenden und noch unbefriedigenden Befunde in den einzelnen Forschungsdomänen durch die methodische Zusammenführung der Einzelbetrachtungen neue Forschungs- und Hypothesenrichtungen aufzeigen können.

Welche pathomorphologischen Veränderungen liegen strukturellen Hirnveränderungen zugrunde?

In der strukturellen Bildgebung werden häufig makroskopische Volumenreduktionen und in selteneren Fällen Zunahmen der Volumina beschrieben. Es stellt sich die Frage, welcher Pathomechanismus oder Pathomorphologie diesen Volumenveränderungen zugrunde liegt. Prinzipiell kommen als Ursache für Hirnvolumenveränderungen Störungen der Neurogenese sowie neuroplastische und neurodegenerative Prozesse in Betracht.

Beispielsweise ist die Struktur des Hippokampus eine Region, in der bei vielfältigen psychiatrischen Erkrankungen, wie bei schizophrenen (Bogerts et al. 1993) und depressiven Störungen (Sheline et al. 2002), der Posttraumatischen Belastungsreaktion (Bremner 2002) und der Borderline Persönlichkeitsstörung (Driessen et al. 2000) Volumenreduktionen beschrieben wurden.

Es kann sich um eine spezifische Veränderung handeln, der eine Bedeutung für die Pathogenese der jeweiligen psychiatrischen Störung zukommt.

Handelt es sich jedoch um unspezifische Gewebsveränderungen könnte dies einerseits darauf hinweisen, dass die Volumenveränderung ein unspezifisches sekundäres Epiphänomen der psychiatrischen Störung ist. Vorstellbar ist auch, dass eine unspezifische Gehirnveränderung vorliegt, die generell zu der Realisierung von einigen psychiatrischen Störungen disponieren kann, wobei die Art der speziellen Störung von zusätzlichen, beispielsweise genetischen Faktoren abhängig sein könnte.

Die Volumenveränderung kann primär vorhanden sein, oder sich erst sekundär im Krankheitsverlauf entwickeln. Die Sachlage wird erweitert durch die Möglichkeit, dass bei einzelnen psychiatrischen Erkrankungen eine Kombination von primären, krankheitsspezifischen und sekundären unspezifischen Gehirnveränderungen vorliegen kann.

Für das Gebiet der Hippokampusregion kommen mehrere Möglichkeiten als Ursache einer Volumenreduktion in Betracht. Postmortale Untersuchungen, die Hinweise auf mögliche Ursachen geben können waren bei den einzelnen psychiatrischen Störungen bisher nur eingeschränkt möglich. Die umfangreichsten Untersuchungen liegen bei der Schizophrenie vor. Hier zeigten sich z.T. widersprüchliche Ergebnisse, die auf eine Alteration der Zahl oder Position (Jakob und Beckmann 1986), der Orientierung (Kovelman und Scheibel 1984) oder andere strukturelle Veränderungen von Nervenzellen hindeuten, die am ehesten mit einer Störung der Neurogenese zu vereinbaren sind (Bogerts 1997). Dabei ist auch die Subregion des Hippokampus und der angrenzenden Hirnareale von Bedeutung. Beckmann und Mitarbeiter (Jakob und Beckmann 1986) fanden Alterationen vorwiegend im entorhinalen Cortex, wobei Scheibel und Mitarbeiter (Kovelman und Scheibel 1984) Veränderungen im Bereich des Cornu Ammonis beschrieben. Andere Autoren wiesen eine verminderte Zahl einer speziellen Subgruppe von Interneuronen im Bereich des Hippokampus nach (Knable et al. 2004). In den letzten Jahren wurde eine Reihe von Arbeiten publiziert, die auf eine Störungen der Synapsen bzw. der neuronalen Konnektivität des Hippokampus hinweisen (Harrison 2004). Auf neuronale Alterationen im Hippokampus deuten zudem in-vivo

Untersuchungen der NAA Konzentration als Marker für neuronale Integrität hin, die bei schizophrenen Erkrankungen gestört gefunden wurde (Weber-Fahr et al. 2002). Bisher gibt es keine ausreichend sichere Evidenz, dass neurodegenerative Prozesse bei der Schizophrenie im Bereich des Hippokampus eine entscheidende Rolle spielen könnten. Gegen einen degenerativen Prozess spricht insbesondere das Fehlen einer entsprechenden glialen Reaktion (Bogerts 1993). Neben Veränderungen der grauen Substanz sind auch Veränderungen der weissen Substanz zu erwähnen, die für den Bereich des Hippocampus jedoch wohl eine geringere Bedeutung haben. Im Bereich der weissen Substanz könnte es zu einer verminderten Zahl von Axonen oder zu einer Alteration von Myelinscheiden kommen (Harrison 1999), die in ihrer Gesamtheit zu einer Volumenveränderung beitragen könnten.

Eine andere Situation liegt möglicherweise bei depressiven Erkrankungen vor. Hier gibt es tierexperimentelle Hinweise darauf, dass Stress zu einer Schrumpfung der Nervenzelldendriten führen kann (Fuchs et al. 2004), ein Prozess der potentiell reversibel ist. Noch ungeklärt ist die Rolle der Neuroneogenese im Hippokampus (Thome und Eisch 2005), die durch verschiedene Krankheitsprozesse gestört und durch Medikamente beeinflusst sein kann. Diese Prozesse, die auch als neuroplastische Vorgänge eingeordnet werden können, haben möglicherweise Auswirkung auf das Hippokampusvolumen, wobei die quantitativen Effekte im Fall der Neuroneogenese wahrscheinlich als gering einzuschätzen sind. Allerdings wurden sowohl bei der Schizophrenie (Harrison 1999) und bei depressiven Störungen (Müller et al. 2001) postmortem Untersuchungsergebnisse veröffentlicht, die keinen Hinweis auf neuronale Veränderungen ergaben.

Diese Befunde unterstützen Weinberger und Mitarbeiter (Weinberger und McCure 2002) in ihrer Hypothese, dass den Volumenveränderungen bei Schizophrenie möglicherweise unspezifische Veränderungen des Extrazellulärraumes, wie ein verminderter Wasserhaushalt zugrunde liegen.

So muss für den derzeitigen Stand der Forschung konstatiert werden, dass die Frage nach den strukturellen oder zellulären Veränderungen, die den Volumenveränderungen von Gehirnregionen bei psychiatrischen Erkrankungen zugrunde liegen, nicht abschliessend geklärt ist. Dabei ist festzuhalten, dass es Hinweise auf störungsspezifische Veränderungen als Ursache der Volumenänderungen gibt.

Die Bedeutung von ZNS-Veränderungen in der Neurobiologie der Schizophrenie

Das Wissen um die Neurobiologie der Schizophrenie wurde aus unterschiedlichen Quellen gewonnen. Post-mortem und *in-vivo* Studien an Patienten erlaubten es, strukturelle Hirnveränderungen zu charakterisieren. Die gute Behandelbarkeit von wichtigen Symptomen der schizophrenen Störung durch dopaminerge Antagonisten legitimierte die Entwicklung der zentralen Hypothese des gestörten Dopaminstoffwechsels. Genetisch-epidemiologische Familienstudien charakterisieren ein überzufällig häufiges genetisches Loading der Erkrankung, die primär nicht monogen übertragen wird. Klinische Beobachtungen, neuropsychologische und bildgebende Forschung gestatteten die Charakterisierung spezifischer kognitiver Defizite (Meisenzahl und Möller 2002). Diese vielfältigen Beobachtungen sind Grundlage für die heute verwendeten Modelle zur schizophrenen Netzwerkstörung (Andreasen 2000, Bayer et al. 1999). In der Wissenschaftsgemeinschaft ist ein Arbeitsmodell der *multifaktoriellen* Genese entstanden, welches versucht die verschiedenen Faktoren miteinander in Verbindung zu setzen. Im Mittelpunkt steht eine strukturelle Störung des ZNS.

Ausgangspunkt sind verschiedene, pathogenetisch als relevant erachtete Einflussvariablen für die Entstehung der Erkrankung. Hinsichtlich des genetischen Loadings lässt sich eine familiäre Belastung hinsichtlich der Erkrankung von 48% bei Monozygoten, und nur 17% bei dizygoten Zwillingen nachweisen. Verschiedene Kopplungsstudien ergeben hinsichtlich der Schizophrenie mögliche Suszeptibilitätsloci, jedoch liess sich bisher kein sicheres Kandidatengen festmachen (Bayer et al. 1999, Maier et. al. 2003). Postuliert werden daher multiple Suszeptibilitätsgene als ein wichtiger Faktor in der ersten Stufe der Pathogenese. Weitere nicht-genetische Faktoren wie pränatale Infektionen (Wright et al. 1995), Geburtskomplikationen (Geddes et al. 1995, Jones et al. 1998, Hultman et al. 1999) sowie eine defizitäre Ernährungslage in der Schwangerschaft (Susser und Lin 1992) wurden als Risikofaktoren untersucht und sowohl mit der Erkrankung als auch mit deren Verlaufsaspekten, wie früherem Krankheitsbeginn und gehäufter familiärer Belastung (O'Callaghan et al. 1992) in Zusammenhang gebracht.

Diese Faktoren können sowohl pränatal als auch während der weiteren Hirnreifung auf die ZNS Entwicklung Einfluss nehmen. Die makrostrukturellen Befunde könnten Ausdruck dieser Hirnreifungsstörung sein. Trotz des fehlenden Nachweises von gliotischen Veränderungen ist letztendlich bisher nicht deutlich klargelegt, ob es nicht in Ergänzung oder sogar alternativ zu einem degenerativen ZNS-Prozess kommen kann. Diese Frage ist auch aufgrund von methodischen Schwierigkeiten nicht abschließend beantwortet. Während die cCT-Follow-up Studien in Untersuchungszeiträumen von 2–8 Jahren mit meist Zwei-Punkt-Untersuchungen mehr negative als positive Studien aufwiesen (Pilowski et al. 1988, Vita et al. 1994), zeigten die Mehrheit der Studien aus der in-vivo MRT-Forschung in jüngsten Längsschnittstudien (mit ebenfalls Zwei-Punkt-Untersuchungen) Ergebnisse, die eine signifikante Volumenreduktion stützen könnten (DeLisi et al. 1997, Gur et al. 1998, Mathalon et al. 2001, Rappaport et al. 1999).

Im heuristischen Arbeitsmodell haben die beschriebenen strukturellen ZNS-Veränderungen eine veränderte funktionelle Konnektivität zur Folge, die sich subklinisch bereits in Form kognitiver Störungen darstellt. In der Tat zeigen Familienstudien und Früherkennungsstudien bereits kognitive Defizite (Toomey et al. 1998). Interessanterweise zeigen auch Angehörige von schizophrenen Patienten bereits strukturelle Hirnveränderungen ohne an einer psychiatrischen Erkrankung zu leiden (Lawrie et al. 1999). Diese veränderte Konnektivität muss somit nicht zwingend zur Manifestation der Erkrankung führen. In dem Zweistufenmodell führen somit in einem zweiten Schritt („second hit") in dem zusätzliche Faktoren wie unspezifische genetische Einflüsse,

Hormonlage, Stress und Life-Events im Sinne besonders belastender Lebens-ereignisse notwendig sind, um die eigentliche Manifestation psychotischer Symptomatik zu provozieren.

Objektivierung kognitiver Defizite mit der funktionellen MRT

Die kognitiven Defizite sind ein bedeutsames Merkmal der schizophrenen Erkrankung. Ursächlich wird vermutet, dass die neuronale Entwicklungsstö-rung direkt oder indirekt über einen alterierten Stoffwechselhaushalt bei-spielsweise des Botenstoffes Dopamin zu diesen kognitiven Defiziten führen. Störungen des Arbeitsgedächnis (AG) spielen eine bedeutsame Rolle bei schi-zophrenen Störungen.

Das AG wird definiert als die Fähigkeit, vorübergehend Imformationen zu speichern und bereit zuhalten. Der präfrontale Kontex spielt eine zentrale Rolle in diesem Prozess, noch ungeklärt ist die genaue Kompetenz der einzel-nen kortikalen Areale des präfrontalen Kortex für den Ablauf der Funktions-weise des Arbeistgedächnisses. Beteiligt sind der ventrolaterale prefrontale (VLPFC) als auch der dorsolaterale prefrontale Cortex (DLPFC).

Es gibt aus der Kognitionsforschung mit der funktionellen MRT mittler-weile gute Belege für diese kognitiven Defizite. Es zeigt sich, dass chronische schizophrene Störungen bei dem Ablauf von Aufmerksamkeitsleistungen mit einer Störung der frontalen Hirnareale und ihrer Funktionsweise einherge-hen (Volz et al. 1999). Bei Wortflüssigkeitsaufgaben aktivieren Patienten im Vergleich zu Kontrollprobanden zudem deutlich weniger (Curtis et al. 1999) und auch eigene Untersuchungen an unserer Klinik zeigen deutlich, dass ersterkrankte schizophrene Patienten die nie psychopharmakologisch behan-delt wurden, klare und objektivierbare Störungen im Arbeitsgedächnis aufwei-sen. Bei Durchführung eines Arbeitsgedächnistestes in der fMRT zeigte sich eine signifikant unterschiedliche Aktivierung der Patienten im cortico-subcor-tikalen-cerebellären Netzwerk, welches an der Generierung von Arbeitsge-dächnisleistungen beteiligt ist. Es zeigte sich eine signifikant verminderte Aktivierung des rechten ventrolateralen Kortex, der biparietalen Cortizes als auch des Thalamus bei den Patienten im Vergleich zu den Kontrollproban-den, während die Kontrollprobanden selbst alle bekannten wichtigen Relais-stationen des funktionierenden Arbeitsgedächnisses aktivierten: den VLPFC, den DLPFC, den Thalamus, die biparietalen Lobi als auch das Zerebellum (Ufer et al. 2005, in press).

In einem weiteren Schritt dieses Forschungszweiges ist es aktuell von erheb-licher Bedeutung, zu objektivieren inwieweit sich diese Defizite durch psycho-pharmakologische Interventionen wieder ausgleichen lassen.

Bedeutung von Neurotransmitterstörungen für die Pathogenese und Klinik der schizophrenen Störung

Im Arbeitsmodell der schizophrenen Störung folgt auf die ZNS-Entwicklungs-störung eine Netzwerkstörung die, getriggert durch bestimmte externe Faktoren schließlich zur klinischen Exazerbation und dem Vollbild der Erkrankung führt.

Die klassische Neurotransmitterstörungshypothese impliziert eine Beziehung zwischen der produktiven Kernsympomptomatik der schizophrenen Symptomatik mit Wahn, Denkstörungen und Halluzinationen und der Hyperaktivität der dopaminergen Transmission im Striatum des ZNS (Carlsson und Linquist 1993). Diese Hypothese wird indirekt durch den offensichtlichen Effekt der antipsychotischen Wirksamkeit von Neuroleptika gestützt. Des weiteren zeigen die psychomimetischen Eigenschaften von Dopamin-stimulierenden Substanzen dieses Konzept.

Die Bildgebenden Verfahren haben die Diskussion über die dopaminergen Rezeptoren und ihre Bedeutung in der schizophrenen Störung erheblich beschleunigt. Der Beginn dieser Forschung markierte sich durch Wong und Kollegen, die an unbehandelten Patienten eine deutlich erhöhte D2-Rezeptorbindung des Liganden N-Methylspiperon zeigen konnten.

Wenn es auch dem widersprechende Befunde gab, so konnte kürzlichlich der Nachweis erbracht werden, dass bei Patienten nach Durchführung einer zentralen Dopamindepletion, die postsynaptischen D2 Rezeptoren erheblich vermehrt vorhanden waren, im Vergleich zu gesunden Kontrollprobanden. Dies legt den Schluss nahe, dass bei schizophrenen Patienten vermehrt Dopamin im synaptischen Spalt vorliegt.

Auch in unserer Forschungsgruppe Bildgebende Verfahren gibt es intensive Bemühungen, die Funktion und Bedeutung des dopaminergen Systems bei der schizophrenen Störung besser zu verstehen. Die Untersuchung des striatären Dopaminsystems wurde umfangreich an unbehandelten ersterkrankten Patienten mit einer schizophrenen Störung untersucht.

Es zeigte sich zum einen, dass die spezifische Bindung des Liganden IBZM bei den Patienten im Vergleich zu den Kontrollprobanden deutlich niedriger war. Zum zweiten liess sich deutlich zeigen, dass es eine negative signifikante Korrelation zwischen der Psychopathologie der Produktivsymptome und der IBZM Bindung am postsynaptischen D2-Rezeptor gab (Schmitt et al. 2005, in Druck).

Zusammenfassung

Die Bildgebenden Verfahren haben einen umfangreichen Beitrag zum Verständnis der Pathogenese der schizophrenen Störung geleistet. Ausgehend von Konzept einer ZNS-Entwicklungsstörung wurde es möglich, strukturelle Defizite des ZNS bereits zu Beginn der Erkrankung zu ermitteln. Schließlich lassen sich die entstandenen Netzwerkstörungen mit den damit verbundenen Defiziten mit der funktionellen MRT objektivieren. Es gibt dank der Bildgebung mittlerweile gute Belege, dass der klinisch akute produktivpsychotische Zustand, der „hyperdopaminergic state" eindeutig mit einer erhöhten Ausschüttung von Dopamin einhergeht, auch dies lässt sich in Studien mit Bildgebenden Verfahren in vivo gut nachweisen.

Literatur

Akbarian S, Bunney WEJ, Potkin SG, Wigal SB, Hagman JQ, Sandman CA, Jones EG (1993) Altered distribution of nicotinamide-adenosine dinucleotide phosphate-diaphorase cells in frontal lobe of schizophrenics implies disturbances of cortical development. Arch Gen Psychiatry 50: 169–177

Akbarian S, Kim JJ, Potkin SG, Hetrick WP, Bunney WJ, Jones EG (1996) Maldistribution of interstitial neurons in prefrontal white matter of the brains of schizophrenic patients. Arch Gen Psychiatry 53: 425–436

Akil M, Lewis DA (1997) Cytoarchitecture of the entorhinal cortex in schizophrenia. Am J Psychiatry 154: 1010–1012

Andreasen NC (2000) Schizophrenia: the fundamental questions. Brain Res Rev 31 (2–3): 106–112

Andreasen NC, Arndt S, Swayze V 2nd, Cizadlo T, Flaum M, O'Leary D (1994) Thalamic abnormalities in schizophrenia visualized through magnetic resonance image averaging. Science 266: 294–298

Andreasen NC, Cizadlo T, Harris G, Swayze V, O'Leary DS, Cohen G, Ehrhardt J, Yuh WT (1993) Voxel processing techniques for the antemortem study of neuroanatomy and neuropathology using magnetic resonance imaging. J Neuropsychiatr Clin Neurosci 5: 121–130

Andreasen NC, Cohen G, Harris G, Cizadlo T, Parkkinen J, Rezai K, Swayze VW (1992) Image processing for the study of brain structure and function: problems and programs. J Neuropsychiatr Clin Neurosci 4: 125–133

Andreasen NC, O'Leary DS, Cizadlo T, Arndt S, Rezai K, Ponto LL (1996) Schizophrenia and cognitive dysmetria: a positron-emission tomography study of dysfunctional prefrontal-thalamic-cerebellar circuitry. Proc Natl Acad Sci USA 93: 9985–990

Arnold SE, Franz BR, Gur RC, Gur RE, Shapiro RM, Moberg PJ, Trojanowski JQ (1995) Smaller neuron size in schizophrenia in hippocampal subfields that mediate cortical-hippocampal interactions. Am J Psychiatry 152: 738–748

Barta PE, Pearlson GD, Brill LB, Royall R, McGilchrist IK, Pulver AE, Powers RE, Casanova MF, Tien AY, Frangou S, Petty RG (1997) Planum temporale asymmetry reversal in schizophrenia: replication and relationship to grey matter abnormalities. Am J Psychiatry 154 (5): 661–667

Barta PE, Pearlson GD, Powers RE, Richards SS, Tune LE (1990) Auditory hallucinations and smaller superior temporal gyral volume in schizophrenia Am J Psychiatry 147: 1457–1462

Benes FM, Sorensen I, Bird ED (1991) Reduced neuronal size in posterior hippocampus of schizophrenic patients. Schizophr Bull 17: 597–608

Bilder RM, Bogerts B, Ashtari M, Wu H, Alvir J, Ma Jody D, Reiter G, Bell L, Lieberman JA (1995) Anterior hippocampal volume reductions predict frontal lobe dysfunction in first episode schizophrenia. Schizophr Res 17: 47–58

Bogerts B, Meertz E, Schonfeldt-Bausch R (1985) Basal ganglia and limbic system pathology in schizophrenia. Arch Gen Psychiatry 42: 784–791

DeLisi LE, Sakuma M, Tew W, Kushner M, Hoff AL, Grimson R (1997) Schizophrenia as a chronic active brain process: a study of progressive brain structural changes subsequent to the onset of schizophrenia. Psychiatry Res 76 (2–3): 131–138

DeLisi LE, Tewie S, Hoff AL, Sakuma M, Kushner M, Lee G, Shedlack K, Smith AM, Grimson R (1995) A prospective follow-up-study of brain morphology and cognition in first-episode schizophrenic patients: preliminary findings. Biol Psychiatry 38: 394–360

DeLisi LE, Hoff AL, Neale C, Kushner M (1994) Asymmetries in the superior temporal lobe in male and female first-episode schizophrenic patients: measures of the planum temporale and superior temporal gyrus by MRI. Schizophr Res 12: 19–28

DeLisi LE, Hoff AL, Schwartz JE, Shields GW, Halthore SN, Gupta SM, Henn FA, Anand AK (1991) Brain morphology in first-episode schizophrenic-like psychotic patients: a quantitative magnetic resonance imaging study. Biol Psychiatry 29: 159–175

Egan MF, Weinberger DR (1997) Neurobiology of schizophrenia. Curr Opin Neurobiol 7 (5): 701–707

Elvevag B, Goldberg TE (2000) Cognitive impairment in schizophrenia is the core of the disorder. Crit Rev Neurobiol 14 (1): 1–21

Falkai B, Bogerts B (1986) Cell loss in the hippocampus of schizophrenics. Eur Arch Psychiatry Neurol Sci 236: 154–161

Geddes JR, Verdoux H, Takei N, Lawrie SM, Bovet P, Eagles JM, Heun R, McCreadie RG, McNeil TF, O'Callaghan E, Stober G, Willinger U, Murray RM (1999) Schizophrenia and complications of pregnancy and labor: an individual patient data meta-analysis. Schizophr Bull 25 (3): 413–423

Geddes JR, Lawrie SM (1995) Obstetric complications and schizophrenia: a meta-analysis. Br J Psychiatry 167 (6): 786–793

Geschwind N, Galaburda AM (1985) Cerebral lateralization – biological mechanisms, associations and pathology. I. A hypothesis and a program for research. Arch Neurol 42: 428–458

Geschwind N, Levitsky W (1968) Human brain: left-right asymmetries in temporal speech region. Science 161: 186–187

Goldberg TE, Torrey EF, Berman KF, Weinberger DR (1994) Relations between neuropsychological performance and brain morphological and physiological measures in monozygotic twins discordant for schizophrenia. Psychiatry Res Neuroimaging 55: 51–61

Griesinger W (1872) Gesammelte Abhandlungen, Bd 1. Berlin

Gur RE, Cowell P, Turetsky BI (1998) A follow-up magnetic resonance imaging study of schizophrenia. Arch Gen Psychiatry 55: 145–152

Habib M (1989) Anatomical asymmetries of the human cerebral cortex. Int J Neurosci 47: 67–79

Häfner H, Maurer K, Löffler W, Riecher-Rössler A (1993) The influence of age and sex on the onset and early course of schizophrenia. Br J Psychiatry 162: 80–86

Halgren E, Baudena P, Clarke JM, Heit G, Marinkovic K, Devaux B, Vignal JP, Biraben A (1995) Intracerebral potentials to rare target and distractor auditory and visual stimuli. The parietal, lateral and posterior temporal lobe. Electroencephalogr Clin Neurophysiol 94: 229–250

Harris G, Andreasen NC, Cizadlo T, Bailey JM, Bockholt HJ, Magnotta VA, Arndt S (1999) Improving tissue classification in MRI: a three-dimensional multispectral discriminant analysis method with automated training class selection J Comput Assist Tomogr 23: 144–154

Harrison PJ (1999) The neuropathology of schizophrenia. A critical review of the data and their interpretation. Brain 122 (Pt 4): 593–624

Havermans R, Honig A, Vuurman EF, Krabbendam L, Wilmink J, Lamers T, Verheecke CJ, Jolles J, Romme MA, van Praag HM (1999) A controlled study of temporal lobe structure volumes and P300 responses in schizophrenic patients with persistent auditory hallucinations. Schizophr Res 38: 151–158

Heckers S (2001) Neuroimaging studies of the hippocampus in schizophrenia. Hippocampus 11 (5): 520–528

Heckers S, Rauch S, Goff D, Savage CR, Schacter DL, Fischman AJ, Alpert NM (1998) Impaired recruitment of the hippocampus during conscious recollection in schizophrenia. Nature Neurosci 1 (4): 318–323

Huber G (1957) Pneumencephalographische und Psychopathologische Befunde bei endogenen Psychosen. Springer, Berlin Göttingen Heidelberg

Hultman CM, Sparen P, Takei N, Murray RM, Cnattingius S (1999) Prenatal and perinatal risk factors for schizophrenia, affective psychosis, and reactive psychosis of early onset: case-control study. BMJ 13; 318 (7181): 421–426

Hurme M, Santilla S (1998) IL-1 receptor antagonist (IL-1Ra) plasma levels are co-ordinately regulated by both IL-1Ra and IL-1ß genes. Eur J Immunol 28: 2598–2602

Jacob H, Beckmann H (1986) Prenatal developmental disturbences in the limbic allocortex in schizophrenia. J Neural Transm 65: 303–326

Jacobi W und Winkler H (1927) Encephalographische Studien an chronisch Schizophrenen. Arch Psychiatr 171: 629

Jacobi W und Winkler H (1928) Encephalographische Studien an Schizophrenen. Arch Psychiatr 84: 208

Jacobsen LK, Giedd JN, Vaituzis AC, Hamburger SD, Rajapakse JC, Frazier JA, Kaysen D, Lenane MC, McKenna K, Gordon CT, Rapoport J L (1996) Temporal lobe morphology in childhood-onset schizophrenia. Am J Psychiatry 153: 355–361 [published erratum appears in Am J Psychiatry 153 (6): 851]

Jäncke L, Schlaug G, Huang Y, Steinmetz H (1994) Asymmetry of the planum parietale. Neuroreport 5: 1161–1163

Johnstone EC, Crow TJ, Frith CD, Husband J, Kreel L (1996) Cerebral ventricular size and cognitive impairment in chronic schizophrenia. Lancet 2: 924–926

Kovelman JA, Scheibel AB (1984) A neurohistological correlate of schizophrenia. Biol Psychiatry 19: 1601–1621

Kraepelin E (1913) Psychiatrie. Ein Lehrbuch für Studierende und Ärzte, III. Bd, 8. Aufl

Krimer LS, Herman MM, Saunders RC, Boyd JC, Hyde TM, Carter JM (1997) A qualitative and quantitative analysis of the entorhinal cortex in schizophrenia. Cereb Cortex 7: 732–739

Kulynych JJ, Vladar K, Jones DW, Weinberger D R (1996) Superior temporal gyrus volume in schizophrenia: a study using MRI morphometry assisted by surface rendering Am J Psychiatry 153: 50–56

Kwon JS, McCarley RW, Hirayasu Y, Anderson JE, Fischer IA, Kikinis R, Jolesz FA, Shenton M (1999) Left planum temporale volume reduction in schizophrenia. Arch Gen Psychiatry 56: 142–148

Larsen JP, Odegaard H, Grude TH, Hoien T (1989) Magnetic resonance imaging – a method of studying the size and asymmetry of the planum temporale. Acta Neurol Scand 80 (5): 438–443

Lawrie SM, Abukmeil SS (1998) Brain abnormality in schizophrenia. A systematic and quantitative review of volumetric magnetic resonance imaging studies. Br J Psychiatry 172: 110–120

Lawrie SM, Abukmeil SS (1998) Brain abnormality in schizophrenia. Br J Psychiatry 173: 110–120

Lawrie SM, Whalley H, Kestelman JN, Abukmeil SS, Byrne M, Hodges A, Rimmington JE, Best JJ, Owens DG, Johnstone EC (1999) Magnetic resonance imaging of brain in people at high risk of developing schizophrenia. Lancet (2); 353 (9146): 30–33

Leonhard K (1986) Aufteilung der endogenen Psychosen und ihrer differenzierte Ätiologie. Akademie, Berlin

Levitan C, Ward PB, Catts SV (1999) Superior temporal gyral volumes and laterality correlates of auditory hallucinations in schizophrenia Biol Psychiatry 46: 955–962

Licino J, Wong ML (1999) CNS cytokines in major depression. Mol Psychiatry 4: 317–327

Maier W, Schwab S, Rietschel M (2003) Genetik psychiatrischer Erkrankungen. In: Möller HJ, Laux G, Kapfhammer HP (Hrsg) Psychiatrie und Psychotherapie, 2. Aufl. Springer, Berlin Heidelberg New York Tokyo, S 69–105

Marsh L, Harris D, Lim KO, Beal M, Hoff AL, Minn K, Csernansky JG, DeMent S, Faustman WO, Sullivan EV, Pfefferbaum A (1997) Structural magnetic resonance imaging abnormalities in men with severe chronic schizophrenia and an early age at clinical onset. Arch Gen Psychiatry 54: 1104–1112

Martinez M, Mallet J (1997) Detection of two new polymorphic sites in the human interleukin-1ß gene: lack of association with schizophrenia in a French population. Psych Genet 7: 103–105

Meisenzahl EM, Frodl T, Greiner J, Leinsinger G, Maag K, Heiss D, Hahn K, Hegerl U, Möller HJ (1999) Corpus callosum size in schizophrenia – a magnetic resonance imaging analysis. Eur Arch Psych Clin Neurosci 249 (6): 305–312

Meisenzahl EM, Rujescu D, Kirner A, Giegling I, Kathmann N, Leinsinger G, Maag K, Hegerl U, Hahn K, Möller HJ (2001) Association of an interleukin-1beta genetic polymorphism with altered brain structure in patients with schizophrenia. Am J Psychiatry 158 (8): 1316–1319

Meisenzahl EM, Frodl T, Zetzsche T, Leinsinger G, Hegerl U, Hahn K, Möller HJ (2002a) Investigation of a possible diencephalic pathology in schizophrenia. Psychiatry Res: Neuroimaging 115: 127–135

Meisenzahl EM, Zetzsche T, Preuss U, Frodl T, Leinsinger G, Möller HJ (2002b) Planum temporale in schizophrenia: does the definition of borders influence the results? Am J Psychiatry 159 (7): 1198–1200

Meisenzahl EM, Möller HJ (2002c) Neurobiologische Grundlagen kognitiver Störungen bei schizophrenen Patienten. Psychotherapie 7 (2): 273–279

Meisenzahl EM, Frodl T, Müller D, Gallinat J, Zetzsche T, Marcuse A, Juckel G, Leinsinger G, Hahn K, Möller HJ, Hegerl U (2003) Superior Temporal Gyrus and P300 in schizophrenia: a combined ERP/structural MRI investigation. J Psychiatr Res 38 (2): 153–162

Meisenzahl EM, Frodl T, Zetzsche T, Preuss U, Leinsinger G, Hegerl U, Möller HJ (2004) Are brain volume reductions in schizophrenia restricted to specific regions? Psychiatry Res Neuroimaging (im Druck)

Meyer-Lindenberg A, Poline JB, Kohn PD, Holt JL, Egan MF, Weinberger DR, Berman KF (2001) Evidence for abnormal cortical functional connectivity during working memory in schizophrenia. Am J Psychiatry 158 (11): 1809–1817

Mintz M, Hermesh H, Glicksohn J, Munitz H, Radwan M (1995) First month of neuroleptic treatment in schizophrenia: only partial normalization of the late positive components of visual ERP Biol Psychiatry 37: 402–409

Miskolczy D et al (1937) Die örtliche Verteilung der Gehirnveränderungen bei der Schizophrenie. Z Ges Neurol Psychiatrie 158: 203–207

Möller HJ, Laux G, Deister A (1995) Psychiatrie. Hippokrates, Stuttgart

Mousa A, Seiger A, Kjaeldgaard A, Bakhiet M (1999) Human first trimester forbrain cells express genes for inflammatory and anti-inflammatory cytokines. Cytokine 11 (1): 55–60

Müller N, Riedel M, Ackenheil M, Schwarz MJ (1999) The role of immune function in schizophrenia: an overview. Eur Arch Psychiatry Clin Neurosci 249: 62–68

Murray RM, O'Callaghan E, Castle DJ, Lewis SW (1992) A neurodevelopmental approach to the classification of schizophrenia Schizophr Bull 18: 319–332

Nelson MD, Saykin AJ, Flashman LA, Riordan HJ (1998) Hippocampal volume reduction in schizophrenia as assessed by magnetic resonance imaging: a meta-analytic study. Arch Gen Psychiatry 55 (5): 433–440

Nestor PG, Shenton ME, McCarley RW, Haimson J, Smith RS, O'Donnell B, Kimble M, Kikinis R, Jolesz FA (1993) Neuropsychological correlates of MRI temporal lobe abnormalities in schizophrenia. Am J Psychiatry 150: 1849–1855

Nicoll JA, Mrak RE, Graham DI, Stewart J, Wilkock G, MacGowan S, Esiri MM, Murray LS, Dewar D, Love S, Moss T, Griffin W (2000) Association of interleukin-1 gene polymorphisms with Alzheimer's disease. Ann Neurol 47 (3): 365–368

Niemann K, Hammers A, Coenen VA, Thron A, Klosterkotter J (2000) Evidence of a smaller left hippocampus and left temporal horn in both patients with first episode schizophrenia and normal control subjects. Psychiatry Res 28; 99 (2): 93–110

Shagass C, Roemer RA, Straumanis JJ, Amadeo M (1978) Evoked potential correlates of psychosis. Biol Psychiatry 13: 163–184

Shapleske J, Rossell SL, Woodruff PW, David AS (1999) The planum temporale: a systematic, quantitative review of its structural, functional and clinical significance. Brain Res Rev 29 (1): 26–49

Shelley AM, Grochowski S, Lieberman JA, Javitt DC (1996) Premature disinhibition of P3 generation in schizophrenia Biol Psychiatry 39: 714–719

Shenton ME, Kikinis R, Jolesz FA, Pollak SD, LeMay M, Wible CG, Hokama H, Martin J, Metcalf D, Coleman M (1992) Abnormalities of the left temporal lobe and thought disorder in schizophrenia. A quantitative magnetic resonance imaging study. N Engl J Med 27; 327 (9): 604–612

Snyder PJ, Bogerts B, Wu H, Bilder R, Deoras K, Lieberman JA (1998) Absence of the adhesio interthalamica as a marker of early neurodevelopmental neuropathology in schizophrenia: an MRI and postmortem histological study. J Neuroimaging 8: 159–163

Tatsumi M, Sasaki T, Sakai T, Kamijima K, Fukuda R, Kunugi H, Hattori M, Nanko S (1997) Genes for interleukin-2 receptor beta chain,interleukin-1 beta and schizophrenia: no evidence for the association or linkage. Am J Med Genet 74 (3): 338–341

Toomey R, Faraone SV, Seidman LJ, Kremen WS, Pepple JR, Tsuang MT (1998) Association of neuropsychological vulnerability markers in relatives of schizophrenic patients. Schizophr Res 25; 31 (2–3): 89–98

Umbricht D, Javitt D, Novak G, Bates J, Pollack S, Lieberman J, Kane J (1998) Effects of clozapine on auditory event-related potentials in schizophrenia. Biol Psychiatry 44: 716–725

Vita A, Sacchetti E, Valvassori G, Cazzullo CL (1988) Brain morphology in schizophrenia: a 2- to 5-year CT scan follow-up study. Acta Psychiatr Scand 78 (5): 618–621

Vogeley K, Hobson T, Schneider-Axmann T, Honer WG, Bogerts B, Falkai P (1998) Compartmental volumetry of the superior temporal gyrus reveals sex differences in schizophrenia – a post-mortem study. Schizophr Res 31 (2–3): 83–87

Vogt C, Vogt O (1948) Über anatomische Substrate. Bemerkungen zu pathoanatomischen Befunden bei Schizophrenen. Ärztliche Forschung 2: 101

Woodruff PW, Wright IC, Shuriquie N, Russouw H, Rushe T, Howard RJ, Graves M, Bullmore ET, Murray RM (1997) Structural brain abnormalities in male schizophrenics reflect fronto- temporal dissociation Psychol Med 27: 1257–1266

Woods DL, Clayworth CC, Knight RT, Simpson GV, Naeser MA (1987) Generators of middle- and long-latency auditory evoked potentials: implications from studies of patients with bitemporal lesions. Electroencephalogr Clin Neurophysiol 68: 132–148

Wright IC, Rabe-Hesketh S, Woodruff PW, David AS, Murray RM, Bullmore ET (2000) Meta-analysis of regional brain volumes in schizophrenia. Am J Psychiatry 157 (1): 16–25

Wright P, Takei N, Rifkin L, Murray RM (1995) Maternal influenza, obstetric complications and schizophrenia. Am J Psychiatry 152: 1714–1720

Zaidel DW, Esiri MM, Harrison PJ (1997a) the hippocampus in schizophrenia: lateralized increase in neuronal density and altered cytoarchitectural asymmetry. Psych Med 27: 703–713

Zaidel DW, Esiri MM, Harrison PJ (1997b) Size, shape, and orientation of neurons in the left and right hippocampus: investigation of normal asymmetries and alterations in schizophrenia. Am J Psychiatry 154: 812–818

Zetzsche T, Meisenzahl EM, Preuss UW, Holder JJ, Kathmann N, Leinsinger G, Hahn K, Hegerl U, Möller HJ (2001) In-vivo analysis of the human planum temporale (PT): does the definition of PT borders influence the results with regard to cerebral asymmetry and correlation with handedness? Psychiatry Res 107: 99–115

Zola-Morgan S, Squire LR, Ramus SJ. Zola-Morgan S, Squire LR, Ramus SJ (1994) Severity of memory impairment in monkeys as a function of locus and extent of damage within the medial temporal lobe memory system. Hippocampus 4 (4): 483–95

Korrespondenz: Dr. E.M. Meisenzahl, Klinik für Psychiatrie und Psychotherapie, Ludwig-Maximilians-Universität, Nußbaumstraße 7, 80336 München, Bundesrepublik Deutschland, e-mail: Eva.Meisenzahl@med.uni-muenchen.de

Aktuelle Aspekte genetischer Forschung bei Schizophrenie

W. Maier

Klinik für Psychiatrie und Psychotherapie, Universität Bonn,
Bundesrepublik Deutschland

Historische Vorbemerkung

Die genetische Erforschung psychischer Erkrankungen befindet sich in einer stürmischen Entwicklungsphase. Die gegenwärtigen Erfolge müssen auch aus einer historischen Perspektive betrachtet werden. Die Geschichte der psychiatrischen Genetik ist nämlich mit zahlreichen Irrtümern behaftet (z.B. Schizophrenie und manisch-depressive Erkrankungen werden weitgehend nach Mendelschen Regeln übertragen). Besonders belastend ist die Kontamination dieser Arbeitsrichtung mit der eugenischen Bewegung. Der Gründer der Verhaltensgenetik, Sir Francis Galton, war nämlich zugleich Begründer der Eugenik. Dabei handelte es sich weniger um eine Wissenschafts-, sondern eher um eine Weltanschauung: Kenntnisse zur intrafamiliären Übertragung von Eigenschaften oder Krankheiten sollten dazu genutzt werden, über eine Geburtenkontrolle eine Vermehrung der erwünschten und eine Reduzierung der unerwünschten Dispositionen in der Bevölkerung zu erreichen. Irrtümlicherweise wurde von der Realisierbarkeit eines solchen eugenischen Vorhabens ausgegangen. Deutsche Genetiker und Psychiater haben bahnbrechend die Familiarität und die genetische Bedingtheit der Schizophrenie erkannt (Rüdin 1916, Luxemburger 1928). Sie haben sich aber auch zu der eugenisch motivierten und ethisch und wissenschaftlich nicht vertretbaren Forderung nach einer zwangsweisen Sterilisierung von Patienten mit schweren psychischen und neurologischen Erkrankungen hinreißen lassen. Diese Forderung fand während des Dritten Reiches einen günstigen politischen Nährboden, so dass 200.000 Menschen in dieser Zeitphase in Deutschland zwangssterilisiert wurden. Dieses Verbrechen gegen die Menschlichkeit auf der Grundlage wissenschaftlicher Irrtümer muss zu den dunkelsten Kapiteln der Wissenschaftsgeschichte gezählt werden.

Dieser durch Wissenschaftler mitgetragene Missbrauch führte zu einem weitgehenden Erliegen des Interesses an psychiatrischer Genetik über mehr als drei Jahrzehnte, zumindest in Kontinentaleuropa. Zwar wurden in den 40er, 50er und 60er Jahren des letzten Jahrhunderts einige wichtige Familien-,

Zwillings-, Adoptions- und High-risk-Studien zu psychischen Störungen durchgeführt (Kallmann 1946, Slater 1953, Heston 1966, Erlenmeyer-Kimling und Cornblatt 1987); das Interesse an genetischen Fragestellungen war aber nur auf eine kleine Gruppe von Wissenschaftlern begrenzt.

Die mittlerweile entwickelten Möglichkeiten der genetischen Epidemiologie und der Molekulargenetik werden seit ca. 20 Jahren systematisch zur Aufdeckung der Ursachen psychischer Erkrankungen eingesetzt. Im Wissen um historische Fehlentwicklungen ist diese Forschung seither von einer intensiven Diskussion um ethische Rahmenbedingungen begleitet (s. Rietschel und Illes 2005).

Ausgangsbedingungen für die Suche nach risikomodulierenden Genen

Die Schizophrenie ist eine multifaktoriell bedingte Erkrankung. Seit mehr als einem Jahrhundert ist die familiäre Häufung der Erkrankung bekannt. In den 20er Jahren des vergangenen Jahrhunderts wurde erstmals die Zwillingsmethode auf die Schizophrenie angewandt, wobei die Relevanz eines genetischen Faktors auf Grund der Diskrepanz zwischen Konkordanzraten von monozygoten im Vergleich zu dizygoten Zwillingspaaren offenkundig wurde, was neuere Studien bestätigen (Wong et al. 2005). Die deutlich unter 100% liegende Konkordanzrate für monozygote Zwillingspaare weist auf den Einfluss nichtgenetischer Faktoren hin. In Familienstudien wurde deutlich, dass das familiäre Häufungsmuster weder einem rezessiven noch einem dominanten Erbgang (Mendelsche Regeln) genügt. Diese Konstellation ist auf einen genetisch komplexen Erbgang zurückzuführen: Dabei spielen wahrscheinlich mehrere Krankheitsgene ebenso wie Gen-Umgebungs-Interaktionen eine Rolle (s. z.B. Cannon et al. 2002). Solche komplexen genetischen Ursachenbedingungen liegen auch anderen häufigen Erkrankungen zu Grunde (z.B. Diabetes mellitus, Hochdruckkrankheit oder Schlaganfall). Die relativen Wiederholungsrisiken und der Varianzanteil der genetischen Komponente sind bei den häufigen internistischen Erkrankungen vergleichbar mit der Schizophrenie oder affektiven Erkrankungen (Wong et al. 2005).

Bei genetisch verursachten, monogenen Erkrankungen, die einem Mendelschen Erbgang genügen, sind sicher erfolgreiche Suchstrategien nach Krankheitsgenen verfügbar, die ganz überwiegend eine zügige Genidentifikation erlauben. Für die genetisch lediglich beeinflussten, komplexen Erkrankungen, darunter auch die psychischen Störungen, gestaltet sich die Suche nach Krankheitsgenen dagegen langwierig und erheblich schwieriger. Folgende Gründe sind hierfür zu nennen (s. auch Tabelle 1).

Die mangelnde Kenntnis der störungsspezifischen Pathophysiologie erschwert die Auswahl von ätiologisch relevanten Genen (z.B. im Gegensatz zum Diabetes mellitus, wo das Insulingen zu den Dispositionsgenen zählt), hypothesenfreie Suchstrategien sind also nötig. Die Anwendung der bei monogenen Erkrankungen so erfolgreichen genomweiten Kopplungsanalyse in mehrfach belasteten Familien führte bei der Schizophrenie und den affektiven Störungen zunächst zu inkonsistenten Ergebnissen, die dann aber durch

Tabelle 1. Warum ist die Suche nach Krankheitsgenen für psychische Erkrankungen so schwierig und langwierig?

– Gene kodieren nicht für Diagnosen, sondern für Funktionen
– Unzureichende Kenntnis der Pathophysiologie
– Kein Mendelscher Erbgang: Viele Gene tragen bei, jedes nur mit mäßigem Effekt
– Nichtgenetische Faktoren sind ebenso relevant
– Interaktionen: Gen x Gen
                  Gen x Umgebung

Metaanalysen doch informativ wurden (Lewis et al. 2003, Segurado et al. 2003). Mehrere Kandidatenregionen, in denen wahrscheinlich zur Krankheit disponierende Varianten von Genen liegen, wurden so identifiziert. Die weitere Eingrenzung dieser Regionen erfordert jedoch einen Wechsel von der Kopplungsanalyse in mehrfach belasteten Familien zur Analyse des Kopplungsungleichgewichts (Assoziationsstudien; Vergleich von Stichproben unabhängiger Fälle und unabhängiger Kontrollen); die Assoziationsanalyse weist nämlich eine höhere Sensitivität auf. Diese zweistufige Strategie hat sich in den letzten Jahren bei mehreren komplexen Erkrankungen überraschenderweise als erfolgreich erwiesen (Abb. 1).

Zu den Erfolgskandidaten zählt vor allem auch die Schizophrenie. Durch diese Strategie sind mittlerweile zwei Dispositionsgene für die Schizophrenie sicher identifiziert:

– das Gen für Dysbindin: DTNBP1 auf Chromosom 6, sowie
– das Gen für Neuregulin-1: NRG1 auf Chromosom 8.

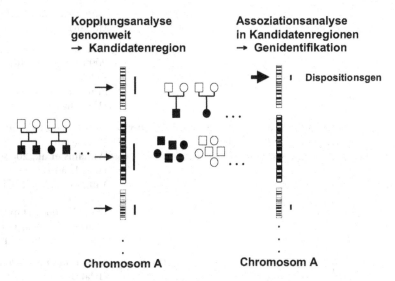

Abb. 1. Zweistufiger Prozess zur Identifikation von Krankheitsgenen bei komplexen Erkrankungen: Hypothesenfreier, genomweiter Ansatz

Die Befundlage für diese Dispositionsgene der Schizophrenie ist relativ konsistent (Tabelle 2). Die Positivbefunde weisen bei Anwendung der Haplotypmethode, die eine Steigerung der Informativität möglich macht, meist ungewöhnlich hohe Signifikanzwerte auf. Die sehr wenigen negativen Befunde lassen sich dagegen als zufallsbedingt verstehen. Alternativ könnten Negativbefunde durch die Populationsabhängigkeit der Effektgrößen für jede Dispositionsvariante zustande kommen.

Ein weiterer Genort: G72/G30, wurde ebenso sicher identifiziert, wobei hier die exakte Lokalisierung des Dispositionsgens noch aussteht; der Risikohaplotyp ist aber auch mit der bipolaren Störung assoziiert (Schumacher et al.

Tabelle 2. Belege für Dysbindin- und Neuregulingen als Dispositionsgene für Schizophrenie

Kandidaten-region	Gen	Originalbefund	Replikation	
6p	Dysbindin (DTNBP1)	Straub et al., 2002 (Irland)	+ (positiv)	Schwab et al., 2003 (Deutschland) Tang et al., 2003 (China) Van den Bogaert et al., 2003 (Schweden) Williams et al., 2004 (2 Stichproben: Wales, Irland) Funke et al., 2004 (US weiß) Kirov et al., 2004 (Bulgarien) Numakawa et al., 2004 (Japan)
			– (negativ)	Van den Bogaert et al., 2003 (Deutschland, Polen) Funke et al., 2004 (US schwarz)
8p	Neuregulin-1 (NRG1)	Stefansson et al., 2002 (Island)	+ (positiv)	Stefansson et al., 2003 (Schottland) Williams et al., 2003 (UK, Irland) Yang et al., 2003 (China) Tang et al., 2004 (China) Li et al., 2004 (Han China) Zhao et al., 2004 (China) Corvin et al., 2004 (Irland)
			– (negativ)	Thiselton et al., 2004 (Irland)

Alle Risikohaplotypen mit OR < 2,5. Pathogene Mutante bisher für kein Gen bekannt.

2004). Zumindest einige der Dispositionsgene für die Schizophrenie zeigen also keine diagnostische Spezifität.

Insgesamt ergibt sich aus der Mehrzahl identifizierbarer Krankheitsgene, dass diese bzw. ihre pathogenen Mutanten keinen kausalen (notwendigen) Einfluss auf die Krankheitsentstehung ausüben. Sie beeinflussen lediglich das Krankheitsrisiko (Dispositions- statt kausale Gene) und stellen damit kausal bzw. direkt wirkende Risikofaktoren dar.

Funktion der bekannten Dispositionsgenprodukte

Dispositionsgene sind zwar mit Erkrankungen assoziiert, sie kodieren aber nicht für die durch konventionelle Festlegung definierten Krankheitskategorien. Ihre genetischen Varianten haben entweder qualitativ (Aminosäurensequenz) oder quantitativ veränderte Proteine zur Folge. Diese sind in verschiedene Hirnfunktionen involviert, die durch die genetischen Varianten von Dispositionsgenen modifiziert oder im Extremfall unterbrochen werden. Krankheitskategorien sind dann als klinisch definierte Qualitäten vorstellbar, die sich aus Kombination verschiedener Funktionsveränderungen (Endophänotypen) ergeben (Zobel und Maier 2004) (Abb. 2). Der lediglich mittelbare Einfluss von Dispositionsgenen auf die Krankheitsentstehung wird durch die zusätzliche Wirkung nichtgenetischer Faktoren kompliziert.

Dispositionsgene beeinflussen Hirnfunktionen, die zur Krankheitsentstehung beitragen. Über die mögliche, krankheitsrelevante Funktion der identifizierten Dispositonsgene bzw. ihrer Genprodukte sind zur Zeit noch keine abschließenden Schlussfolgerungen möglich. Am meisten ist über Neuregulin-1 bekannt, neuerdings liegen auch funktionelle Forschungsergebnisse zu Dysbindin vor (Talbot et al. 2004, Owen et al. 2004).

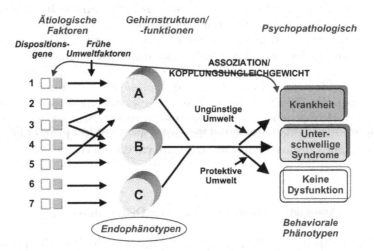

Abb. 2. Hypothetische Beziehung zwischen Dispositionsgenen und dem Phänotyp der Erkrankung

Neuregulin-1 spielt in der Hirnentwicklung eine entscheidende Rolle, weshalb dieses Protein seit nahezu 10 Jahren intensiv beforscht wird. Ein Bezug zur Schizophrenie wurde aber erstmals durch die Identifikation als Dispositionsgen hergestellt (Stefansson et al. 2002). Neuregulin-1 bedient wie alle bisher bekannten Mitglieder der Neuregulin-Familie mehrere Funktionen: Dieses Protein ist sowohl in Wachstum und Entwicklung von Nerven- wie auch Gliazellen (v. a. Oligodentroglia) – involviert als auch in die synaptische Signaltransduktion, v. a. im glutamatergen System (v. a. in Bezug auf den NMDA-Rezeptor) (Harrison und Owen 2003, Corfas et al. 2004).

Dysbindin wurde als ein Interaktionspartner im Dystrobrevinsystem identifiziert, das vor allem für Muskelfunktionen relevant ist, aber auch im Gehirn (v. a. Frontalhirn und Hippocampus) exprimiert wird. Hippokampal kommt Dysbindin auch in Zellen vor, in denen der Dystrobrevinkomplex nicht exprimiert wird, und zwar sowohl prä- als auch postsynaptisch. Einerseits steuert dieses Protein dabei die präsynaptische Ausschüttung von Glutamat und GABA und ist postsynaptisch an Signaltransduktionsvorgängen im glutamatergen (NMDA-) Neuron beteiligt.

Weder für Neuregulin-1 noch für Dysbindin ist aber bekannt, welche der zahlreichen bekannten bzw. unbekannten Funktionen, in die diese Eiweißstoffe involviert sind, bei der Entstehung der Schizophrenie beteiligt sein können. Über die Funktionen von G72 bzw. G30 ist bisher außer einer In-vitro-Interaktion mit dem Enzym DAAO, das indirekt die Wirkungsstärke des NMDA-Rezeptors moduliert, nichts bekannt (Harrison und Owen 2003).

Suche nach pathogenen Mutanten in identifizierten Dispositionsgenen

Für keines dieser Dispositionsgene sind bisher die pathogenen Mutationen bekannt. Hierfür werden vermutlich auch weiterführende Analysen der DNA-Sequenzvariabilität, der Expressionsmuster bzw. der Splice-Bildung und vor allem funktionelle Untersuchungen erforderlich sein.

In den bisherigen Mutationsanalysen wurde aber noch keine Mutation in den kodierenden Bereichen gefunden, so dass eine Aminosäurensequenzvariation unwahrscheinlich ist. Vielmehr scheinen DNA-Sequenzvarianten in den regulierenden Bereichen relevant zu sein, die zu einer unterschiedlichen Expressionsstärke für das Protein führen. Die ersten Expressionsanalysen in Post-mortem-Hirngewebe für das Dysbindinprotein bei der Schizophrenie sprechen für diese Möglichkeit: Bei Erkrankten wird dieses Protein im Frontalhirn und Hippokampus vermindert exprimiert (Weickert et al. 2004, Harrison und Weinberger 2005).

Assoziative Suchstrategien nach Dispositionsgenen

Es ist voraussehbar, dass die zweistufige Strategie nicht alle Dispositionsgene finden kann, vor allem bei nur mäßiggradiger Steigerung des relativen Risikos der Erkrankung durch eine Genvariante. Unter dieser letztgenannten Bedingung verliert nämlich die Kopplungsanalyse merklich an Power (Risch 2000), so dass alternative Strategien relevant werden.

Zur Zeit sind zwei erfolgversprechende Wege sichtbar:

A. Assoziationsuntersuchungen bei differenziell exprimierten polymorphen Genen und
B. genomweite Assoziationsuntersuchungen.

Ad A:

Ein erfolgversprechender Weg orientiert sich an einem funktionellen Ansatz, der vom aktuellen pathophysiologischen Wissensforschritt unabhängig ist (im Gegensatz zum klassischen funktionellen Ansatz). Der Ansatz gliedert sich in 4 Stufen:

1. Identifikation funktionell relevanter Gene durch differenzielle *Expression*: Die gegenwärtig verfügbaren Mikroarray-Techniken erlauben die parallele Expression tausender von Genen. So können alle Gene einer pathophysiologisch relevanten Genfamilie (z.B. präsynaptische Proteine) auf differenzielle Expression zwischen Patienten und Kontrollen verglichen werden. Vor allem funktionelle Varianten in regulatorischen Bereichen wirken sich direkt durch differente Genexpression aus, was aber auch bei andersartigen Sequenzvarianten indirekt möglich ist. Mikroarray-Ansätze bei der Genexpression werden zunehmend aussagekräftig und eignen sich als effiziente Suchstrategien.
2. *Validierung differenzieller Genexpression*: Die Suche nach differenziell exprimierten Genprodukten erfolgt optimalerweise in krankheitsrelevanten Hirnregionen (bei Schizophrenie z.B. Frontalhirn oder Hippokampus). Die mangelnde Verfügbarkeit und Artefaktträchtigkeit von Postmortem-Hirnmaterial haben aber auch eine zweistufige Strategie nahegelegt:
   – Zuerst Vergleich der Expressionsmuster in leicht zugänglichen peripheren Zellen in vivo zwischen Kranken und Gesunden.
   – Anschließend gezielte Validierung differenzieller Genexpression im krankheitsrelevanten Post-mortem-Präparat.
3. *Mutantensuche* in den differenziell exprimierten Genen (und ihren regulatorischen Bereichen); denn nur polymorphe Gene können Dispositionsgene für eine Erkrankung darstellen.
4. *Assoziationsanalyse* zwischen genetischen Varianten von differenziell exprimierten Genen (Vergleich Erkrankte vs. Gesunde).

Die Anwendung dieser Strategie war exemplarisch erfolgreich. Die differenziellen Expressionsmuster der Genfamilie für Proteinkinasen (die wegen der Relevanz zellulärer Signaltransduktion bei der Schizophrenie ausgewählt wurden) weisen auf das Gen für die Proteinkinase B, AKT1, als funktionelles Kandidatengen hin. Es fand sich eine starke Assoziation eines Risikohaplotyps dieses polymorphen Gens mit der Schizophrenie, was seit kurzem in mehreren unabhängigen Studien bestätigt wurde (Emamian et al. 2004, Hallmayer 2004, Schwab et al. 2005).

Ad B:

Assoziationsuntersuchungen weisen eine höhere Sensitivität als Kopplungsanalysen auf (Risch 2000). Genetische Assoziationsuntersuchungen basieren
auf dem Kopplungsungleichgewicht entlang des Genoms. Prinzipiell kann die
Positionierung eines Krankheitsgens auch in Fall-Kontroll-Stichproben erfolgen. Über ca. 60–30.000 Basenpaare hinweg besteht nämlich eine statistische
Abhängigkeit zwischen DNA-Varianten an polymorphen Genorten. DNA-Sequenzvarianten finden sich im Mittel an jeder 1000. Position; diese Abhängigkeit ist auf die begrenzte Generationenfolge des Menschen, auf die gemeinsame Herkunft von einer kleinen Gruppe von Hominiden und auf das explo-
sionsartige Wachstum des Menschengeschlechts zurückzuführen. Folglich
kann man bei einem Markersystem mit Markern, die äquidistant im Abstand
von 40.000 Basenpaaren gesetzt sind, jede Position auf dem Genom erkennen.
Bei einer Gesamtlänge des Genoms von 3,2 Milliarden Basenpaaren sind also
100.000 Marker nötig, um jede Position identifizieren zu können. Genomweite
Assoziationsanalysen versprechen auch die Entdeckung genetischer Varianten
mit nur mäßigem Effekt. Die parallele Anwendung der erforderlichen großen
Anzahl von Markern war lange technisch kaum denkbar, ist aber neuerdings
durch die Verfügbarkeit effizienter Markersysteme (v. a. Single Nucleotide
Polymorphisms – SNPs) und von Hochdurchsatzverfahren theoretisch möglich.

Diese Vielzahl von Markern und die damit verbundene Vielzahl von Tests,
die eine Kontrolle der Kumulation des Fehlers 1. Art (Problem multiplen
Testens) nötig machen, erfordert einen hohen Stichprobenumfang, um die
Identifikation von risikomodulierenden Genvarianten auch mit mäßigem Effekt möglich zu machen. Die Rekrutierung umfangreicher Fall-Kontroll-Stichproben für genomweite Assoziationsstudien ist an vielen Orten im Gang. Die
erste erfolgreiche genomweite Assoziationsuntersuchung liegt zur Zeit zum
Erkrankungsbild der Makulardegeneration vor (Daiger 2005). Dabei konnte
durch eine innovative Handhabung des multiplen Testproblems ein Genort
mit mäßigem Effekt in einer relativ kleinen Stichprobe gefunden werden.

Modulatorgene

Unter den potenziellen Dispositionsgenen, deren Relation zu Endophänotypen untersucht wurde, ist bei der Schizophrenie vor allem das COMT-Gen
(Met/Val-Polymorphismus) exemplarisch zu nennen. Das Genprodukt, das
Enzym COMT, baut vor allem im Frontalhirn Dopamin ab, wobei die mit
stärkerer Enzymaktivität assoziierte Val-Variante stärkere Defizite in Leistun-
gen des Arbeitsgedächtnisses und der Informationsverarbeitung bei Gesunden
wie bei Erkrankten zur Folge hat. Trotz dieses Zusammenhangs mit krank-
heitsassoziierten Defiziten erbrachte aber die jüngste Metaanalyse keine über-
zeugende Assoziation zu der Val-Variante des COMT-Gens mit der Schizophrenie (Fan et al. 2005). Dagegen wurden zahlreiche, replizierte Befunde über
den Zusammenhang zwischen der Val-Variante des COMT-Gens und schizo-
phrenieassoziierten kognitiven Leistungseinschränkungen (v. a. frontalhirn-

abhängig wie das Arbeitsgedächtnis) berichtet, wobei letztere als Endophänotypen fungieren (Harrison und Weinberger 2005). Aus dieser Konstellation kann geschlussfolgert werden, dass aus einer stabilen Assoziation zu einem Endophänotyp nicht auf die Erkrankung erweitert werden kann. Der Met/Val-Polymorphismus des COMT-Gens hat also krankheitsmodulierenden Charakter (beeinflusst die neurologischen Krankheitskorrelate) ohne ätiologisch für die Krankheitsentstehung relevant zu sein.

Schlussfolgerung

Die molekulargenetische Erforschung der Schizophrenie hat mit der Entdeckung der ersten Dispositionsgene für Schizophrenie erste Durchbrüche erreicht. Die Bedeutung dieser Erfolge kann nicht unterschätzt werden.

Die zweistufige Strategie zur Genortsuche bei komplexen Erkrankungen (zuerst genomweite Kopplungsanalysen, anschließend Analyse des Kopplungsungleichgewichts) hat sich – anfänglicher skeptischer Einschätzung zum Trotz – als erfolgreich erwiesen. Für diese Aussage gibt es auch weitere Beispiele aus der inneren Medizin (z.B. Colitis ulcerosa, Diabetes mellitus). Aufgrund dieser Einschätzung sind weitere Genortidentifikationen auch bei der Schizophrenie zu erwarten.

Die gefundenen Dispositionsgene und ihre Produkte sind bisher nie im Kontext der Schizophrenie diskutiert worden und weisen auf pathogenetische Mechanismen hin, die bisher unbekannt waren. Somit erweist sich die systematische Genortsuche als eine unerwartet effiziente Suchstrategie nach molekularbiologischen Entstehungsmechanismen von Krankheiten. Diese wiederum können langfristig helfen, gezielt Substanzen zu entwickeln, die in die Pathogenese eingreifen und damit als kausale Therapeutika mit neuen, bisher unbekannten Wirkmechanismen fungieren können. Diese Chancen sind vor allem bei bislang nur unzureichend behandelbaren Erkrankungen – wie der Schizophrenie mit meist überdauernden Defiziten – besonders vielversprechend.

Literatur

Cannon TD, van Erp TG, Rosso IM, Huttunen M, Lonnqvist J, Pirkola T, Salonen O, et al (2002) Fetal hypoxia and structural brain abnormalities in schizophrenic patients, their siblings, and controls. Arch Gen Psychiatry 59: 35–41

Corfas G, Roy K, Buxbaum JD (2004) Neuregulin 1-erbB signaling and the molecular/cellular basis of schizophrenia. Nat Neurosci 7: 575–580

Corvin AP, Morris DW, McGhee K, Schwaiger S, Scully P, Quinn J, Meagher D, et al (2004) Confirmation and refinement of an 'at-risk' haplotype for schizophrenia suggests the EST cluster, Hs.97362, as a potential susceptibility gene at the Neuregulin-1 locus. Mol Psychiatry 9: 208–213

Daiger SP (2005) Was the Human Genome Project worth the effort? Science 308: 362–364

Emamian ES, Hall D, Birnbaum MJ, Karayiorgou M, Gogos JA (2004) Convergent evidence for impaired AKT1-GSK3beta signaling in schizophrenia. Nat Genet 36: 131–137

Erlenmeyer-Kimling L, Cornblatt B (1987) The New York High-Risk Project: a follow-up report. Schizophr Bull 13: 451–461

Fan JB, Zhang CS, Gu NF, Li XW, Sun WW, Wang HY, Feng GY, et al (2005) Catechol-O-methyltransferase gene Val/Met functional polymorphism and risk of schizophrenia: a large-scale association study plus meta-analysis. Biol Psychiatry 57: 139–144

Funke B, Finn CT, Plocik AM, Lake S, DeRosse P, Kane JM, Kucherlapati R, et al (2004) Association of the DTNBP1 locus with schizophrenia in a U.S. population. Am J Hum Genet 75: 891–898

Hallmayer J (2004) Getting our AKT together in schizophrenia? Nat Genet 36:115–116

Harrison PJ, Owen MJ (2003) Genes for schizophrenia? Recent findings and their pathophysiological implications. Lancet 361: 417–419

Harrison PJ, Weinberger DR (2005) Schizophrenia genes, gene expression, and neuropathology: on the matter of their convergence. Mol Psychiatry 10: 40–68

Heston LL (1966) Psychiatric disorders in foster home reared children of schizophrenic mothers. Br J Psychiatry 112: 819–825

Kallmann FJ (1946) The genetic theory of schizophrenia. An analysis of 691 schizophrenic twins index families. Am J Psychiatry 103: 309–322

Kirov G, Ivanov D, Williams NM, Preece A, Nikolov I, Milev R, Koleva S, et al (2004) Strong evidence for association between the dystrobrevin binding protein 1 gene (DTNBP1) and schizophrenia in 488 parent-offspring trios from Bulgaria. Biol Psychiatry 55: 971–975

Lewis MC, Levinson DF, Wise LH, DeLisi LE, Straub RE, Hovatta I, Williams NM, et al (2003) Genome scan meta-analysis of schizophrenia and bipolar disorder, part II. Schizophrenia. Am J Hum Genet 73: 34–48

Li T, Stefansson H, Gudfinnsson E, Cai G, Liu X, Murray RM, Steinthorsdottir V, et al (2004) Identification of a novel neuregulin 1 at-risk haplotype in Han schizophrenia Chinese patients, but no association with the Icelandic/Scottish risk haplotype. Mol Psychiatry 9: 698–704

Luxenburger H (1928) Vorläufiger Bericht der psychiatrischen Serienuntersuchungen an Zwillingen. Z Ges Neurol Psychiat 116: 297–326

Numakawa T, Yagasaki Y, Ishimoto T, Okada T, Suzuki T, Iwata N, Ozaki N, et al (2004) Evidence of novel neuronal functions of dysbindin, a susceptibility gene for schizophrenia. Hum Mol Genet 13: 2699–2708

Owen MJ, Williams NM, O'Donovan MC (2004) Dysbindin-1 and schizophrenia: from genetics to neuropathology. J Clin Invest 113: 1255–1257

Rietschel M, Illes F (Hrsg) (2005) Patentierung von Genen – Molekulargenetische Forschung in der ethischen Kontroverse. Dr. Kovac-Verlag, Hamburg

Risch NJ (2000) Searching for genetic determinants in the new millennium. Nature 405: 847–856

Rüdin E (1916) Studien über Vererbung und Entstehung geistiger Störungen. I. Zur Vererbung und Neuentstehung der Dementia praecox. Springer, Berlin

Schumacher J, Jamra RA, Freudenberg J, Becker T, Ohlraun S, Otte AC, Tullius M, et al (2004) Examination of G72 and D-amino-acid oxidase as genetic risk factors for schizophrenia and bipolar affective disorder. Mol Psychiatry 9: 203–207

Schwab SG, Knapp M, Mondabon S, Hallmayer J, Borrmann-Hassenbach M, Albus M, Lerer B, et al (2003) Support for association of schizophrenia with genetic variation in the 6p22.3 gene, dysbindin, in sib-pair families with linkage and in an additional sample of triad families. Am J Hum Genet 72: 185–190

Schwab SG, Hoefgen B, Hanses C, Borrmann-Hassenbach M, Albus M, Lerer B, Trixler M, et al (2005) Further evidence for association of variants in the AKT1 gene with schizophrenia in a sample of European sib-pair families. Biol Psychiatry 58: 446–450

Segurado R, Detera-Wadleigh SD, Levinson DF, Lewis CM, Gill M, Nurnberger JI jr, Craddock N, et al (2003) Genome scan meta-analysis of schizophrenia and bipolar disorder, part III. Bipolar disorder. Am J Hum Genet 73: 49–62

Slater E (1953) Genetic investigations in twins. J Ment Sci 99: 44–52

Stefansson H, Sigurdsson E, Steinthorsdottir V, Bjornsdottir S, Sigmundsson T, Ghosh S, Brynjolfsson J, et al (2002) Neuregulin 1 and susceptibility to schizophrenia. Am J Hum Genet 71: 877–892

Stefansson H, Sarginson J, Kong A, Yates P, Steinthorsdottir V, Gudfinnsson E, Gunnarsdottir S, et al (2003) Association of neuregulin 1 with schizophrenia confirmed in a Scottish population. Am J Hum Genet 72: 83–87

Straub RE, Jiang Y, MacLean CJ, Ma Y, Webb BT, Myakishev MV, Harris-Kerr C, et al (2002) Genetic variation in the 6p22.3 gene DTNBP1, the human ortholog of the mouse dysbindin gene, is associated with schizophrenia. Am J Hum Genet 71: 337–348

Talbot K, Eidem WL, Tinsley CL, Benson MA, Thompson EW, Smith RJ, Hahn C-G, et al (2004) Dysbindin-1 is reduced in intrinsic, glutamatergic terminals of the hippocampal formation in schizophrenia. J Clin Invest 113: 1353–1363

Tang JX, Zhou J, Fan JB, Li XW, Shi YY, Gu NF, Feng GY, et al (2003) Family-based association study of DTNBP1 in 6p22.3 and schizophrenia. Mol Psychiatry 8: 717–718

Tang JX, Chen WY, He G, Zhou J, Gu NF, Feng GY, He L (2004) Polymorphisms within 5' end of the Neuregulin 1 gene are genetically associated with schizophrenia in the Chinese population. Mol Psychiatry 9: 11–12

Thiselton DL, Webb BT, Neale BM, Ribble RC, O'Neill FA, Walsh D, Riley BP, et al (2004) No evidence for linkage or association of neuregulin-1 (NRG1) with disease in the Irish study of high-density schizophrenia families (ISHDSF). Mol Psychiatry 9: 777–783

Van den Bogaert A, Schumacher J, Schulze TG, Otte AC, Ohlraun S, Kovalenko S, Becker T, et al (2003) The DTNBP1 (dysbindin) gene contributes to schizophrenia, depending on family history of the disease. Am J Hum Genet 73: 1438–1443

Weickert CS, Straub RE, McClintock BW, Matsumoto M, Hashimoto R, Hyde TM, Herman MM, et al (2004) Human dysbindin (DTNBP1) gene expression in normal brain and in schizophrenic prefrontal cortex and midbrain. Arch Gen Psychiatry 61: 544–555

Williams NM, Preece A, Spurlock G, Norton N, Williams HJ, Zammit S, O'Donovan MC, et al (2003) Support for genetic variation in neuregulin 1 and susceptibility to schizophrenia. Mol Psychiatry 8: 485–487

Williams NM, Preece A, Morris DW, Spurlock G, Bray NJ, Stephens M, Norton N, et al (2004) Identification in 2 independent samples of a novel schizophrenia risk haplotype of the dystrobrevin binding protein gene (DTNBP1). Arch Gen Psychiatry 61: 336–344

Wong AH, Gottesman II, Petronis A (2005) Phenotypic differences in genetically identical organisms: the epigenetic perspective. Hum Mol Genet 14, Spec No 1: R11–R18

Yang JZ, Si TM, Ruan Y, Ling YS, Han YH, Wang XL, Zhou M, et al (2003) Association study of neuregulin 1 gene with schizophrenia. Mol Psychiatry 8: 706–709

Zhao X, Shi Y, Tang J, Tang R, Yu L, Gu N, Feng G, et al (2004) A case control and family based association study of the neuregulin1 gene and schizophrenia. J Med Genet 41: 31–34

Zobel A, Maier W (2004) Endophänotypen – ein neues Konzept zur biologischen Charakterisierung psychischer Störungen. Nervenarzt 75: 205–214

Korrespondenz: Prof. Dr. W. Maier, Klinik für Psychiatrie und Psychotherapie, Universität Bonn, Sigmund-Freud-Straße 25, 53105 Bonn, Bundesrepublik Deutschland, e-mail: wolfgang.maier@ukb.uni-bonn.de

Das Konzept der Entwicklungsstörung in der Schizophrenie-Forschung

P. Falkai

Klinik für Psychiatrie und Psychotherapie, Universitätsklinikum des Saarlandes,
Homburg/Saar, Bundesrepublik Deutschland

Einleitung

Emil Kraepelin führte in seinem Lehrbuch „Psychiatrie. Ein Lehrbuch für Studirende und Aerzte" (1899) aus, dass die Dementia praecox eine degenerative Erkrankung sei. Hierzu legt er dar: „Wir kommen somit zu dem Schlusse, dass in der Dementia praecox höchst wahrscheinlich eine theilweise Schädigung oder Vernichtung von Hirnrindenzellen stattfindet, die sich in einzelnen Fällen wieder ausgleichen kann, meist aber eine eigenartige, dauernde Beeinträchtigung des Seelenlebens nach sich zieht ..." (Kraepelin 1899).

Für eine Subgruppe von Patienten (20%) will er aber Anzeichen einer gestörten Entwicklung gesehen haben. Hierzu steht geschrieben: „In etwa 20% der Fälle waren von Jugend auf allerlei Eigenthümlichkeiten des Wesens bemerkt worden, Verschlossenheit, Aengstlichkeit, Schrullenhaftigkeit, Reizbarkeit, Neigung zu übertriebener Frömmelei oder zum Verbrechen. Auch körperliche Entartungszeichen fanden sich öfters, Kleinheit oder Verbildungen des Schädels, kindlicher Habitus, ..." (Kraepelin 1899).

Es ist erstaunlich, wie modern Kraepelins Sichtweise zur Pathophysiologie der Schizophrenie, der Dementia praecox, in der damaligen Zeit ist und insbesondere, dass er für ca. 20% der Patienten klar umschriebene Störungen der Hirnentwicklung sieht. Im folgenden wird die Evidenz für und gegen die Entwicklungshypothese der Schizophrenie zusammengefasst, die neue Überlegungen zu regionenspezifischen pathopysiologischen Prozessen hervorbringt.

Evidenz für die Hirnentwicklungshypothese der Schizophrenie

Vor ca. 20 Jahren wurde die Hirnentwicklungshypothese der Schizophrenie unter anderem von Weinberger postuliert und als Konzept publiziert (Weinberger 1987). 13 Jahre später wurden die wesentlichen Aspekte erneut zusammengeführt (Marenco und Weinberger 2000). Nachfolgend wird eine eigene Gliederung zu diesem Thema angewandt, um wesentliche Aspekte der Neurobiologie der Schizophrenie darzustellen. Folgende Evidenzen sprechen für die Hirnentwicklungshypothese der Schizophrenie:

1. Klinisch-epidemiologische Evidenz

Betrachtet man die einzelnen Entwicklungsschritte eines Menschen, so finden sich z.B. so genannte „minor physical anomalies" gehäuft bei Patienten mit einer Schizophrenie (z.B. Waddington et al. 1998). Diese sind z.B. minimale Formabweichungen in der Nasolabialfalte, des Augenabstandes etc., die über die normale Streuung einer Kontrollpopulation hinausgehen. Darüber hinaus zeigen Menschen, die später eine Schizophrenie entwickeln, in ihrer Kindheit quantitative Normabweichungen in den Bereichen motorische, kognitive und emotionale (soziale) Entwicklung, d.h., sie lernen später laufen, bleiben bezüglich der kognitiven Entwicklung ebenfalls hinter der Kontrollgruppe zurück und haben längere Zeit eine erhöhte Ängstlichkeit im Umgang mit Gleichaltrigen (Jones et al. 1998). In der Phase der Prodromalsymptome, aber spätestens nach der Ausbildung der Erstmanifestation einer Schizophrenie, sind kognitive Störungen in allen Bereichen vorhanden. Bemerkenswerterweise verbessern sich diese im Verlauf der Erkrankung über zwei bzw. fünf Jahren unwesentlich oder nur in einzelnen Teilbereichen (Albus et al. 2002, Hoff et al. 1999). Insbesondere bei diesem Aspekt würde man bei einer klassischen degenerativen Erkrankung erwarten, dass sich kognitive Veränderungen im Krankheitsverlauf verschlechtern, oder – wenn der Krankheitsprozess mit Ausbildung der Erstmanifestation weitgehend zum Stillstand gekommen ist – dass unter Umständen eine tendenzielle Besserung auftritt.

2. Hirnstrukturelle – neuropathologische Evidenz

Zu einem klassisch neurodegenerativen Prozess findet sich neuropathologisch in aller Regel ein Verlust von Neuronen und eine Zunahme von Makroglia, in diesem Fall Astrozyten (Duchen 1984). In mehreren postmortem-Untersuchungen (Bogerts et al. 1985, 1990) wurden temporo-limbische Strukturdefekte im Sinne einer bilateralen Hippokampusvolumenreduktion nachgewiesen. Betrachtet man im koronaren Schnitt Patienten und Kontrollen (Abb. 1, rechte Seite), so finden sich bei ca. 20–30% Normabweichungen, die am ehesten im Sinne einer gestörten Gyrifizierung bzw. normalen Ausbildung der Struktur zu werten sind.

In den pathophysiologisch relevanten Zielregionen, so auch im Bereich des Unterhorns, des Subikulums, des 3. Ventrikels etc. wurde von uns die Astrozytendichte quantifiziert (Falkai et al. 1999). Es fand sich für keine der Zielregionen eine signifikante Erhöhung der Astrozytendichte, bemerkenswerter weise aber eine signifikante Reduktion im Frontallappen. Somit fehlt die Astrogliose als ein klassisches Merkmal der Degeneration bei der Schizophrenie. Welchen Charakter haben hirnstrukturelle Veränderungen, z.B. im Frontallappen, bei der Schizophrenie? Geben diese vielleicht einen Hinweis auf ihre Genese?

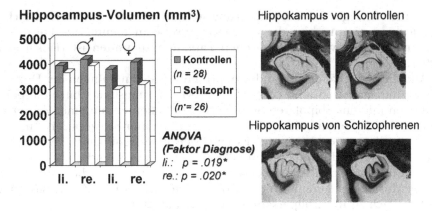

Hippocampus-Volumen (mm³)

Kontrollen (n = 28)

Schizophr (n' = 26)

ANOVA (Faktor Diagnose)
li.: p = .019*
re.: p = .020*

Hippokampus von Kontrollen

Hippokampus von Schizophrenen

Abb. 1. Temporo-limbische Strukturdefekte mit Hinweisen auf eine gestörte Hirnentwicklung

In den letzten Jahren konnten wir in mehrere Stichproben (Vogeley et al. 2000, 2001, Falkai et al. 2005) Hinweise auf eine rechts-frontale und teilweise bifrontale Hypergyrifizierung bei schizophrenen Patienten im Vergleich zu Kontrollpersonen nachweisen. Der Gyrifizierungsindex bildet ein stabiles Maß für das Verhältnis zwischen grauer zu weißer Substanz (Zilles et al. 1988). Obwohl das Hirnvolumen kontinuierlich zunimmt, bleibt der Gyrifizierungsindex ab dem 1. Lebensjahr postpartum stabil (Armstrong et al. 1995). Das heißt, die bifrontalen oder eher rechts-frontalen Veränderungen

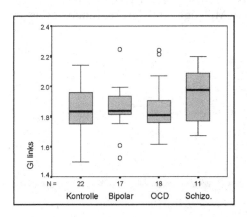

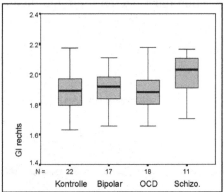

ANOVA (Diagnose x Geschlecht x Händigkeit), Faktor Diagnose:

Schizo. vs. Kontrollen: p=0.097

Schizo. vs. Bipolar: p=0.026

(p adjustiert nach verfeinerter Bonferroni-Methode (Simes-Hommel))

OCD vs. Bipolar vs. Kontrollen: nicht signifikant

Schizo. = schizophrene Patienten

ANOVA (Diagnose x Geschlecht x Händigkeit), Faktor Diagnose:

Schizo. vs. Kontrollen: p=0.047

Schizo. vs. Bipolar: p=0.031

(p adjustiert nach verfeinerter Bonferroni-Methode (Simes-Hommel))

OCD vs. Bipolar vs. Kontrollen: nicht signifikant

Abb. 2. Homburger Multidiagnosen-Studie: Boxplots für frontale GI links und rechts aufgeteilt nach Diagnosegruppen

im Sinne einer gestörten Gyrifizierung weisen auf eine umschriebene Hirn-entwicklungsstörung hin, die interessanterweise in atenuierter Form auch bei Angehörigen von schizophrenen Patienten zu finden ist (Falkai et al. 2005).

Um die Spezifität des Befundes zu prüfen, wurde im Rahmen der Homburger Multidiagnosen-Studie (Abb. 2) der Gyrifizierungsindex bifrontal bei 17 Patienten mit einer bipolaren Störung, bei 19 Patienten mit einer Zwangsstörung, bei 11 Patienten mit der Erstmanifestation einer Schizophrenie und bei 22 Kontrollpersonen bestimmt. Es fand sich eine signifikante Hypergyririe-rung im Bereich des linken Frontallappens und ein Trend auf der rechten Seite in die gleiche Richtung bei schizophrenen Patienten, aber ein unverändertes Muster bei Patienten mit bipolaren Störungen und Zwangsstörungen im Vergleich zu Kontrollpersonen (Scherk et al. 2005).

Progression auch ohne Degeneration

Obwohl keine signifikanten Anzeichen für eine Gliose vorhanden sind und Veränderungen im Frontallappen aber auch im Temporallappen (Falkai et al. 2000, Kovalenko et al. 2003) eher auf eine gestörte Hirnentwicklung hinweisen, gibt es aus bildgebenden Studien, insbesondere im Cortex, Hinweise auf progrediente Veränderungen (Cahn 2002, Van Haren 2004).

Gibt es also auch eine progrediente Atrophie ohne Zeichen einer Degeneration? Prinzipiell muss kritisch angemerkt werden, dass bei chronisch-progredienten Erkrankungen, wie dem Morbus Parkinson, in fortgeschrittenen Stadien der Erkrankung keine Astrozytose sondern vielmehr subtilere Zeichen der Degeneration, nämlich eine Mikrogliaaktivierung, nachzuweisen

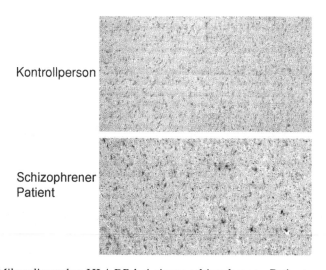

Abb. 3. Mikrogliamarker HLA-DR bei einem schizophrenen Patienten und einer Kontrollperson

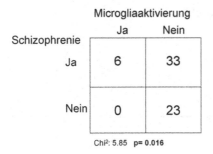

Chi²: 5.85 p= 0.016

Abb. 4. Mikrogliaaktivierung bei einer Gruppe schizophrener Patienten im Vergleich zu Kontrollpersonen

ist. Entsprechend haben wir in einer initialen qualitativen Studie unter Verwendung des Mikrogliamarkers HLA-DR (Bayer et al. 1999) eine Aktivierung der Mikroglia bei Patienten mit einer Schizophrenie im Vergleich zu Kontrollpersonen gefunden.

In einer Folgeuntersuchung bei 50 Patienten mit einer Schizophrenie und 50 Kontrollpersonen wurde eine Replikation angestrebt. Mit dem Mikrogliamarker HLA-DR (Abb. 3) wurden in Parafin eingebettetes Material im Bereich des Frontallappens (Brodmann Areal 10) und des Hippokampus gefärbt. Eine Durchsicht der Krankenakten und des neuropathologischen Screenings führte zum Ausschluss von 27 Patienten aus der Gruppe der Schizophrenen, weil es entweder nicht gelang nach ICD 10 bzw. DSM 4 die Diagnose einer Schizophrenie zu bestätigen oder andere Ausschlusskriterien (schwere somatische Erkrankungen, weitere psychiatrische Erkrankungen wie Alkoholabhängigkeit) vorlagen. Ein ähnlicher Selektionsprozess wurde bei den Kontrollpersonen durchgeführt, so dass am Ende pro Gruppe 23 Patienten mit einer Schizophrenie und 23 Kontrollpersonen übrig blieben. Bei der qualitativen Beurteilung der HLA-DR-Aktivierung ergaben sich dann sechs Fälle, die eine signifikante Mikrogliaaktivierung aufwiesen – dies waren alles Patienten mit einer Schizophrenie. Unter den Kontrollpersonen fand sich keine oder sicher keine Aktivierung, die vergleichbar war, mit den sechs Fällen der schizophrenen Patienten (Abb. 4).

Mit dem Wunsch, die Mikrogliaaktivierung bei der Subgruppe der Patienten mit klinischen Parametern zu korrelieren, wurden die Krankenakten aller 23 Patienten systematisch in Bezug auf das Vorhandensein produktiver Psychopathologie in der Woche vor dem Tod, der bei der über wiegenden Zahl akut in Form eines Herzinfarktes oder einer Lungenembolie auftrat, untersucht. Die Prüfhypothese war, dass produktive Symptome (akustische Halluzinationen, Verfolgungswahn) verknüpft waren mit einer Mikrogliaaktivierung und umgekehrt. Es ergab sich jedoch kein Zusammenhang zwischen produktiver Psychopathologie und Mikrogliaaktivierung (Abb. 5). Vielmehr wiesen vier der sechs Fälle in der Woche vor dem Tod eher eine Negativsymptomatik – d.h. eine fehlende Produktivsymptomatik – auf, obwohl sie eine Mikrogliaaktivität zeigten.

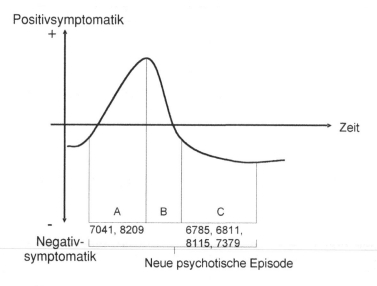

Abb. 5. Korrelation von Mikroglia zur Psychopathologie

Betrachtet man die diagnostische Zuordnung, so fand sich, dass fünf der sechs Fälle die Diagnose einer schizoaffektiven Psychose aufwiesen, wohingegen bei den restlichen 17 Fällen vor allem Patienten mit einer paranoiden Schizophrenie und einem Residuum überwogen.

Gelingt es, diesen Befund zu replizieren, so bedeutet dies möglicherweise, dass die Mikrogliaaktivierung einen Hinweis auf die gute Remissionsqualität bei schizoaffektiven Psychosen im Vergleich zu Prozesspsychosen darstellt. D. h. mit Abklingen der akut psychotischen Symptomatik besteht bei den schizoaffektiven Psychosen noch genug Regenerationsfähigkeit, um eine Erholung des zentralen Nervensystems zu erlauben. Bei den Prozesspsychosen ist diese Regenerationsfähigkeit entweder aufgebraucht oder war nie vorhanden.

Es stellt sich die Frage, ob es aus der Literatur oder aufgrund der eigenen Daten eine Unterstützung für diese „Hypothese der gestörten Neuroplastizität der Schizophrenie" gibt. Bei unserer Untersuchung des Gyrifzierungsindex in postmortem Schnitten (Vogeley et al. 2000) fand sich ein signifikanter Zusammenhang zwischen kortikaler Dicke und Gyrifizierung in dem Sinne, dass eine Hypergyrie, die bei schizophrenen Patienten vorliegt, mit einer reduzierten kortikalen Dicke der grauen Substanz assoziiert ist. In den letzten Jahren gab es eine zunehmende Zahl gut kontrollierter prospektiver Studien mit struktureller Bildgebung, die über ein bzw. fünf Jahre (Cahn et al. 2002, van Haren et al. 2004) eine Volumenreduktion der grauen Substanz bei schizophrenen Patienten im Verlauf der Erkrankung nachwiesen. Bemerkenswerterweise ergab sich ein ähnliches Bild bei der Untersuchung von multi- und uniaffizierten Familien mit Schizophrenie und Kontrollfamilien. Da es sich hierbei um keine prospektive Studie sondern vielmehr einen Querschnitt handelt, wurde eine Korrelation zwischen der grauen Substanz in verschiedenen Hirnregionen (frontal, parietal, okzipital, temporal und im Zerebellum) bestimmt. Es fand sich eine umschriebene Korrelation der Abnahme der grauen aber nicht weißen Substanz im Bereich des Frontallappens (Falkai et al. 2004) und keine solche Veränderung in den anderen Hirnregionen, insbesondere nicht im Temporallappen. In einer groß angelegten Studie bei ersterkrankten Patienten mit einer Schizophrenie (Lieberman et al. 2005) fand sich ebenfalls eine Volumenreduktion der grauen Substanz schwerpunktmäßig frontal und ein umgekehrter Trend für den Temporallappen. Dieser Effekt war bei der Medikation mit Haloperidol deutlicher ausgeprägt als bei einer Medikation mit Olanzapin.

In einer postmortem Untersuchung des Frontallappens im Bereich des Brodmann Areals 9 mit Hilfe der GLI-Methode fand sich in den tieferen kortikalen Schichten 4, 5 und 6 eine Zunahme der Zelldichte bei Reduktion des Volumens der grauen Substanz. Dieses Phänomen kann am ehesten interpretiert werden als eine Reduktion des Neuropils bei erhaltener Dichte der Makroneuronen. Zu dem Neuropil gehören schwerpunktmäßig synaptische Proteine, Axone und Dendriten. Mittlerweile gibt es eine konsistente Literatur zur verminderten Messenger-RNA- aber auch Proteinexpression von den so genannten SNARE-Proteinen bei Schizophrenen in Schlüsselregionen (Honer et al. 2002). SNARE-Proteine werden präsynapitsch synthetisiert und sind für die Ausbildung von Vesikeln zum Transport von Transmittern zuständig. Somit ist denkbar, dass die Störung ihrer Synthese grundsätzlich in die Pathophysiologie der Schizophrenie eingreift.

Betrachtet man darüber hinaus die in den letzten Jahren neu entdeckten Risikogene wie z.B. Neuregulin-1, so sind diese in einer Reihe von Prozessen im Rahmen der Hirnentwicklung und Reifung involviert. Neben einem Einfluss in der Zellmigration findet sich ein Einfluss auf die Aufrechterhaltung glutamaterger Synapsen, auf die Oligodendroglia und eine Interaktion mit circadianen Rhythmen (Corfas et al. 2004, Harrison und Owen 2003).

Zusammengefasst sind die Volumenminderungen, wie wir sie bei schizophrenen Patienten finden, wahrscheinlich Folge gestörter synaptischer Prozesse. Diese sind vor Ausbruch der Erkrankung, z.B. bei Risikopersonen mit der Magnetresonanzspektroskopie nachgewiesen (Block et al. 2000), in einem reduzierten Funktionszustand. Psychosoziale Belastungsfaktoren wie z.B. Aufwachsen in einer Großstadt, Drogen etc., führen zu einer Dekompensation der Regenerationsfähigkeit synaptischer Funktionen. Dies führt initial zu einem Überwiegen exzitatorischer Transmitter wie Dopamin, was zur Positivsymptomatik führt. Im Rahmen einer Teilkompensation geht die Positivsymptomatik zurück mit Verbleiben einer gestörten synaptischen Plastizität (= Regenerationsfähigkeit) als Korrelat für die Negativsymptomatik.

Zusammenfassung

Zusammenfassend geurteilt gilt die Hirnentwicklungshypothese der Schizophrenie weiterhin. Wahrscheinlich müssen wir das Konzept der Hirnentwicklungsstörung in Richtung einer Dysmaturationsstörung weiterentwickeln, d.h., die gestörte Entwicklung umfasst nicht nur Prozesse bis zur Geburt oder kurze

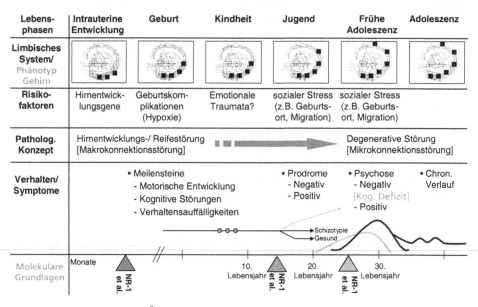

Abb. 6. Ätiopathogenese schizophrener Psychosen

Zeit danach, sondern letztendlich bis zum Ausbruch der Erkrankung und danach (Abb. 6).

Zieht man die Risikogene in Betracht, so bedeutet dies, dass bei Personen, die später eine Schizophrenie entwickeln, die normale Hirnentwicklung gestört ist. Dies führt zu subtilen hirnstrukturellen aber auch funktionellen Veränderungen, die für sich genommen eine Basisvulnerabilität ausmachen. Umweltfaktoren (van Os et al. 2004) führen dazu, dass in diesen vulnerablen Regionen, insbesondere dem Temporallappen, aber auch dem Frontallappen der Krankheitsprozess angeschoben wird. Untersuchungen bei Risikopersonen (Pantelis et al. 2003, Lawrie et al. 2002, Harris et al. 2004) zeigen, dass mit Manifestation der Prodromalsymptomatik in diesen Schlüsselregionen Veränderungen über die Zeit im Sinne einer initialen Volumenzunahme und danach Volumenabnahme zu finden sind. Es wird die Hypothese aufgestellt, dass der Krankheitsprozess im Temporallappen beginnt und sich im Prodrom mit kognitiven Störungen (episodisches Gedächtnis, Hippokampus-Volumenatrophie) und affektiven Schwankungen (Mandelkern, Regio entorhinalis) manifestiert und dann über den Parietallappen zum Frontallappen fortschreitet (Thompson et al. 2001). Eigene Daten (Falkai et al. 2004) aber auch prospektive Daten aus einer großen Kohorte (Lieberman et al. 2005) zeigen vor allen Dingen progrediente Veränderungen im Frontallappen aber nicht im Rest des Gehirns. Diese Veränderungen korrelieren mit neuropsychologischen Defiziten und unzureichendem Ansprechen auf Therapieinterventionen. Um diese Thesen zu prüfen, wird es notwendig sein, Risikopersonen in größerer Zahl katamnestisch nachzuuntersuchen und gegebenenfalls bereits jetzt Risikomarker zu entwickeln. Interessanterweise scheint die rechtsfrontale Hypergyrierung bei Schizophrenen ein solcher Risikomarker zu sein (Harris et al. 2004). So zeigte sich bei Risikopersonen, die eine signifikante Hypergyrierung rechts-frontal aufwiesen, dass diese mit einer deutlich größeren Wahrscheinlichkeit in ein psychotisches Bild übergingen, als Patienten, die eine solche Hyper-gyrierung nicht aufwiesen.

Anmerkung

Die Studien wurden unterstützt durch die Deutsche Forschungsgemeinschaft (FA 241/2–3) und einen Center Grant des Neuroscience Research Institute der Stanley Foundation.

Literatur

Albus M, Hubmann W, Scherer J, Dreikorn B, Hecht S, Sobizack N, Mohr F (2002) A prospective 2-year follow-up study of neurocognitive functioning in patients with first-episode schizophrenia. Eur Arch Psychiatry Clin Neurosci 252 (6): 262–267

Armstrong E, Schleicher A, Omran H, Curtis M, Zilles K (1995) The ontogeny of human gyrification. Cereb Cortex 5: 56–63

Bayer TA, Buslei R, Havas L, Falkai P (1999) Evidence for activation of microglia in patients with psychiatric illnesses. Neurosci Lett 271: 126–128

Block W, Bayer TA, Tepest R, Träber F, Rietschel M, Müller DJ, Schulze TG, Honer WG, Maier W, Schild HH, Falkai P (2000) Decreased frontal lobe ratio of N-acetyl aspartate to choline in familial schizophrenia: a proton magnetic resonance spectroscopy study. Neurosci Lett 289: 147–151

Bogerts B, Meertz E, Schonfeldt-Bausch R (1985) Basal ganglia and limbic system pathol-ogy in schizophrenia. A morphometric study of brain volume and shrinkage. Arch Gen Psychiatry 42 (8): 784–791

Bogerts B, Ashtari M, Degreef G, Alvir JM, Bilder RM, Lieberman JA (1990) Reduced temporal limbic structure volumes on magnetic resonance images in first episode schizophrenia. Psychiatry Res 35 (1): 1–13

Cahn W, Hulshoff Pol HE, Lems EB, van Haren NE, Schnack HG, van der Linden JA, Schothorst PF, van Engeland H, Kahn RS (2002) Brain volume changes in first-episode schizophrenia: a 1-year follow-up study. Arch Gen Psychiatry 59 (11): 1002–1010

Corfas G, Roy K, Buxbaum JD (2004) Neuregulin 1-erbB signaling and the molecular/ cellular basis of schizophrenia. Nat Neurosci 7: 575–580

Duchen LW (1984) General pathology of neurons and neuroglia. In: Adams JH, Corsellis JAN, Duchen LW (eds) Greenfield's neuropathology, 4th edn. Edward Arnold, Lon-don, pp 1–52

Falkai P, Honer WG, David S, Bogerts B, Majtenyi C, Bayer TA (1999) No evidence for astrogliosis in brains of schizophrenic patients. A post-mortem study. Neuropathol Appl Neurobiol 25 (1): 48–53

Falkai P, Schneider-Axmann T, Honer WG (2000) Entorhinal cortex pre-alpha cell clus-ters in schizophrenia: quantitative evidence of a developmental abnormality. Biol Psychiatry 47: 937–943

Falkai P, Tepest R, Honer WG, Dani I, Ahle G, Pfeiffer U, Vogeley K, Schulze TG, Rietschel M, Cordes J, Schonell H, Gaebel W, Kuhn KU, Maier W, Traber F, Block W, Schild HH, Schneider-Axmann T (2004) Shape changes in prefrontal, but not parieto-occipital regions: brains of schizophrenic patients come closer to a circle in coronal and sagittal view. Psychiatry Res 132 (3): 261–271

Falkai P, Honer WG, Kamer T, Dustert S, Vogeley K, Schneider-Axmann T, Dani I, Wagner M, Maier W, Rietschel M, Müller D, Schulze T, Gaebel W, Cordes J, Schönell H, Schild HH, Block W, Träber F, Steinmetz H, Tepest R (2005) Disturbed frontal gyrification within families affected with schizophrenia. Biol Psychiatry (in preparation)

Harris JM, Whalley H, Yates S, Miller P, Johnstone EC, Lawrie SM (2004) Abnormal cortical folding in high-risk individuals: a predictor of the development of schizophrenia? Biol Psychiatry 56: 182–189

Harrison PJ, Owen MJ (2003) Genes for schizophrenia? Recent findings and their pathophysiological implications. Lancet 361: 417–419

Hoff AL, Sakuma M, Wieneke M, Horon R, Kushner M, DeLisi LE (1999) Longitudinal neuropsychological follow-up study of patients with first-episode schizophrenia. Am J Psychiatry 156 (9): 1336–1341

Honer WG, Falkai P, Bayer TA, Xie J, Hu L, Li HY, Arango V, Mann JJ, Dwork AJ, Trimble WS (2002) Abnormalities of SNARE mechanism proteins in anterior frontal cortex in severe mental illness. Cereb Cortex 12 (4): 349–356

Jones PB, Rantakallio P, Hartikainen AL, Isohanni M, Sipila P (1998) Schizophrenia as a long-term outcome of pregnancy, delivery, and perinatal complications: a 28-year follow-up of the 1966 north Finland general population birth cohort. Am J Psychiatry 155 (3): 355–364

Kovalenko S, Bergmann A, Schneider-Axmann T, Ovary I, Majtenyi K, Havas L, Honer WG, Bogerts B, Falkai P (2003) Regio entorhinalis in schizophrenia: more evidence for migrational disturbances and suggestions for a new biological hypothesis. Pharmacopsychiatry 36 [Suppl 3]: 158–161

Kraepelin E (1899) Psychiatrie. Ein Lehrbuch für Studirende und Aerzte, 6., vollst umgearb Aufl. Allgemeine Psychiatrie, Bd I. Klinische Psychiatrie, Bd II. Barth, Leipzig

Lawrie SM, Whalley HC, Abukmeil SS, Kestelman JN, Miller P, Best JJ, Owens DG, Johnstone EC (2002) Temporal lobe volume changes in people at high risk of schizophrenia with psychotic symptoms. Br J Psychiatry 181: 138–143

Lieberman JA, Tollefson GD, Charles C, Zipursky R, Sharma T, Kahn RS, Keefe RS, Green AI, Gur RE, McEvoy J, Perkins D, Hamer RM, Gu H, Tohen M; HGDH Study Group (2005) Antipsychotic drug effects on brain morphology in first-episode psychosis. Arch Gen Psychiatry 62 (4): 361–370

Marenco S, Weinberger DR (2000) The neurodevelopmental hypothesis of schizophrenia: following a trail of evidence from cradle to grave. Dev Psychopathol 12 (3): 501–527

Pantelis C, Velakoulis D, McGorry PD, Wood SJ, Suckling J, Phillips LJ, Yung AR, Bullmore ET, Brewer W, Soulsby B, Desmond P, McGuire PK (2003) Neuroanatomical abnormalities before and after onset of psychosis: across-sectional and longitudinal MRI comparison. Lancet 361 (9354): 281–288

Scherk H, Denter S, Kamer T, Wobrock T, Kraft S, Schneider-Axmann T, Reith W, Falkai P, Gruber O (2005) Dysgyrification in schizophrenia: a suitable vulnerability marker specific to schizophrenia? Acta Psychiatr Scand (in press)

Thompson PM, Vidal C, Giedd JN, Gochman P, Blumenthal J, Nicolson R, Toga AW, Rapoport JL (2001) Mapping adolescent brain change reveals dynamic wave of accelerated gray matter loss in very early-onset schizophrenia. Proc Natl Acad Sci USA 98 (20): 11650–1165

Van Haren MEM, Hulshoff Pol HE, Cahn W, Schnack HG, Brans R, Laponder AJ, Kahn RS (2004) Brain volume changes in 109 patients with schizophrenia compared to 130 control subjects: a 5-year longitudinal MRI study across the age range. Schizophr Res 67 (1): 96

Van Os J, Pedersen CB, Mortensen PB (2004) Confirmation of synergy between urbanicity and familial liability in the causation of psychosis. Am J Psychiatry 161 (12): 2312–4

Vogeley K, Schneider-Axmann T, Pfeiffer U, Tepest R, Bayer TA, Bogerts B, Honer WG, Falkai P (2000) Disturbed gyrification of the prefrontal region in male schizophrenic patients: a morphometric postmortem study. Am J Psychiatry 157 (1): 34–39

Vogeley K, Tepest R, Pfeiffer U, Schneider-Axmann T, Maier W, Honer WG, Falkai P (2001) Right frontal hypergyria differentiation in affected and unaffected siblings from families multiply affected with schizophrenia: a morphometric MRI study. Am J Psychiatry 158 (3): 494–496

Waddington JL, Lane A, Scully PJ, Larkin C, O'Callaghan E (1998) Neurodevelopmental and neuroprogressive processes in schizophrenia. Antithetical or complementary, over a lifetime trajectory of disease? Psychiatr Clin North Am 21 (1): 123–149

Weinberger DR (1987) Implications of normal brain development for the pathogenesis of schizophrenia. Arch Gen Psychiatry 44 (7): 660–669

Zilles K, Armstrong E, Schleicher A, Kretschmann HJ 1988 The human pattern of gyrification in the cerebral cortex. Anat Embryol (Berl) 179: 173–179

Korrespondenz: Prof. Dr. P. Falkai, Klinik für Psychiatrie und Psychotherapie, Universitätsklinikum des Saarlandes, 66421 Homburg/Saar, Bundesrepublik Deutschland, e-mail: peter.falkai@uniklinikum-saarland.de

Schizophrenie, Entzündung und glutamaterge Neurotransmission: ein pathophysiologisches Modell

N. Müller und M. J. Schwarz

Klinik für Psychiatrie und Psychotherapie, Ludwig-Maximilians-Universität München, Bundesrepublik Deutschland

Zusammenfassung

Diese Arbeit soll psychoneuroimmunologische Untersuchungen mit aktuellen Ergebnissen aus pharmakologischen, neurochemischen und genetischen Studien bei Schizophrenie zusammenführen. Schizophrenie ist eine Erkrankung der dopaminergen Neurotransmission, aber die Modulation des dopaminergen Systems durch die glutamaterge Neurotransmission spielt eine wesentliche Rolle. Diese Sicht wird durch Befunde der Neuregulin- und Dysbindin-Gene unterstützt. Diese Gene haben funktionelle Auswirkungen auf das glutamaterge System. Glutamaterge Unterfunktion ist durch den NMDA-Rezeptor-Antagonismus vermittelt. Der einzige bisher nachgewiesene endogene NMDA-Rezeptor-Antagonist ist Kynurenin-Säure. Unabhängig vom NMDA-Rezeptor-Antagonismus blockiert Kynurenin-Säure bereits in geringeren Konzentrationen auch den nikotinergen Acetylcholin-Rezeptor, d.h. höhere Kynurenin-Säure-Spiegel können psychotische Symptome und kognitive Einschränkungen erklären. Kynurenin-Säure-Spiegel wurden bei schizophrenen Patienten im Vergleich zu Kontrollen als höher sowohl im Liquor cerebrospinalis als auch in für die Schizophrenie wesentlichen ZNS-Regionen beschrieben.

Eine Reihe von Befunden legen nahe, dass eine (pränatale) Infektion in die Pathogenese der Schizophrenie involviert ist. Aufgrund eines frühen Sensitivierungsprozesses des Immunsystems oder einer (chronischen) Infektion, die durch das Immunsystem nicht abgewehrt werden kann, kommt es bei der Schizophrenie zu einer Immundysbalance zwischen der Typ-I und der Typ-II Immunantwort. Die Typ-I Immunantwort ist zumindest teilweise gehemmt, während die Typ-II Immunantwort überaktiviert ist. Diese Immunkonstellation ist mit der Hemmung des Enzyms Indoleamin Dioxygenase (IDO) verbunden, denn IDO – die in Astrozyten- und Mikroglia-Zellen lokalisiert ist – wird durch Typ-II Zytokine gehemmt. IDO katalysiert den ersten Schritt im Tryptophan-Metabolismus, die Degradation von Tryptophan zu Kynurenin, ebenso wie die Tryptophan 2,3-Dioxygenase (TDO). Aufgrund der Hemmung von IDO wird Tryptophan-Kynurenin vor allem über TDO metabolisiert, die in Astrozyten lokalisiert ist, nicht in Mikroglia oder anderen ZNS-Zellen. Astrozyten sind besonders bei Schizophrenie aktiviert, was hohe Level von S100B zeigen. Astrozyten haben nicht die enzymatische Ausstattung für den kompletten Kynurenin-Abbau. Aufgrund des Nichtvorhandenseins von Kynurenin-OHase in Astrozyten kann Kynurenin-Säure im ZNS akkumulieren, dementsprechend wurde ein Anstieg der TDO-Aktivität bei Schizophrenie beobachtet. Dieser Mechanismus hat eine Akkumulation von Kynurenin-Säure in kritischen ZNS-Regionen zur Folge. Auf diesem Weg dürfte die Immun-mediierte glutamaterg-dopaminerge Dysregulation zu den klinischen Symptomen der Schizophrenie führen. Therapeutische Konsequenzen, zum Beispiel der Gebrauch von antientzündlichen Cyclooxygenase-II-Inhibitoren, die zusätzlich direkt den Kynurenin-Säure-Spiegel senken, werden diskutiert.

Einleitung

Eine Beteiligung der glutamatergen Neurotransmission an der Pathogenese der Schizophrenie wird seit vielen Jahren diskutiert (Kim et al. 1980, Carlsson et al. 1998, Jentsch und Roth 1998, Kornhuber et al. 2004). Diese Sichtweise resultiert aus Befunden im glutamatergen System bei Schizophrenie und den Mechanismen der Interaktion zwischen den glutamatergen und den dopaminergen Systemen. Zusätzliche Evidenz, die diese Ansicht stützt, resultiert aus neuen molekulargenetischen Befunden der Schizophrenie. Risikogene für Schizophrenie sind in die Funktion des glutamatergen Systems involviert (Collier und Li 2003). Zusätzlich zeigen neuere Befunde aus der Psychoimmunologie und Entzündungsforschung, dass die charakteristische Immunkonstellation bei Schizophrenie – eine Unteraktivierung der Typ-I Immunantwort und eine Überaktivierung der Typ-II Immunantwort – mit gesteigerter Produktion von Abbauprodukten des Kynurenin-Metabolismus verbunden sind, die als N-Methyl-D-Aspartat (NMDA)-Rezeptor-Antagonisten wirken. Die Befunde dieses Zusammenhangs erlauben es, psychoneuroimmunologische Ergebnisse und aktuelle Resultate aus pharmakologischen, neurochemischen und genetischen Studien der Schizophrenie zu einem überzeugenden Modell der Pathogenese zusammenzuführen.

Dopaminerg-glutamaterge Imbalance bei Schizophrenie

Ohne Zweifel kommt einer Störung der dopaminergen Neurotransmission eine Schlüsselrolle in der Pathogenese der Schizophrenie zu (Carlsson 1978, 1988). Der Haupteffekt der Antipsychotika ist nach wie vor der Dopamin-Rezeptor-Blockade zuzuschreiben, speziell die D2-Rezeptor-Blockade. Allerdings verbessert sich nur ein Teil der Patienten auf die Behandlung mit Antipsychotika wirklich überzeugend, die Langzeiterfolge antipsychotischer Behandlung sind in vielen Fällen unbefriedigend (Möller 2004). Versuche, die

Erkrankung ausschließlich als dopaminerge Dysfunktion zu erklären, lassen viele Aspekte der Schizophrenie ungelöst. Clozapin, das bis heute den Gold-standard der Antipsychotika darstellt, hat diesen Status Effekten auf unter-schiedliche Neurotransmittersysteme einschließlich einem NMDA-Rezeptor-Agonismus (Hersco-Levi 2003) zu verdanken und bewirkt auch Veränderun-gen im Immunsystem (Pollmächer et al. 1996).

Die Glutamathypothese der Schizophrenie postuliert ein Gleichgewicht zwischen dopaminergen und glutamatergen Neuronen (Carlsson 1988). Das Modell eines cortiko-striato-thalamo-cortikalen Schaltkreises integriert die Glutamathypothese mit neuroanatomischen Aspekten in Hinblick auf die Pa-thophysiologie der Schizophrenie (Carlsson 1998). Eine Unterfunktion der glutamatergen cortiko-striatalen Verbindung ist mit einer Öffnung des thala-mischen Filters verbunden, was zu einem unkontrolliertem Angebot sensori-scher Informationen an den Cortex und zu psychotischen Symptomen führt.

Tierexperimente zeigten, dass die Behandlung mit einem NMDA-Rezeptor-Antagonisten (MK-801) zu einem ausgeprägten, Dosis-abhängigen Anstieg der Amphetamin-induziertn Dopamin-Ausschüttung führt (Miller und Abercrom-bie 1996). Die Gabe von Amphetamin ruft dabei bei Schizophrenen eine deutlich höhere Dopamin-Ausschüttung als bei Gesunden hervor (Laruelle et al. 1996). Dieser Effekt, der auch auf der Verhaltensebene zu beobachten war, beruht wahrscheinlich auf einem insuffizienten glutamatergen Tonus, wo-durch – ebenso wie bei den mit einem NMDA-Antagonisten behandelten Versuchstiere – der glutamaterge negative Feedback Mechanismus behindert wird, der normalerweise infolge der Amphetamin-induzierten Dopamin-Aus-schüttung aktiviert würde (Carlsson 1998).

NMDA-Rezeptor Hypofunktion und Schizophrenie

Seit mehr als 25 Jahren wird diskutiert, dass eine funktionelle Beeinträchtigung der glutamatergen Neurotransmission, speziell des NMDA-Rezeptorkomplexes einen wichtigen Faktor in der Pathogenese der Schizophrenie darstellt. Eine Unterfunktion des glutamatergen Neurotransmitter-Systems als kausaler Me-chanismus bei Schizophrenie wurde zunächst von Kim und Mitarbeitern auf-grund der Beobachtung niedriger Konzentrationen von Glutamat im Liquor cerebrospinalis schizophrener Patienten vorgeschlagen (Kim et al. 1980).

L-Glutamat (Glu) ist der Hauptneurotransmitter, der schnelle exzitatori-sche synaptische Antworten vermittelt. Glutamat ist im zentralen Nervensys-tem (ZNS) in grossen Mengen vorhanden (Hynd et al. 2004). Glutamat-Rezeptoren werden in zwei Hauptgruppen unterteilt, metabotrope und iono-trope Rezeptoren (Nakanishi 1992). Die metabotropen Rezeptoren sind G-Protein gekoppelt. Sie werden in drei Gruppen unterteilt, die durch Amino-säuresequenz, agonistische Sensitivität und Signaltransduktionsmechanismen definiert sind (Masu et al. 1991). Die ionotropen Glutamat-Rezeptoren sind durch ihre selektive Affinität für die Agonisten NMDA, Apha-Amino-3-Hydro-xy-5-Methylisoxazol-4-Propionic-Säure (AMPA) und Kaininsäure (Monaghan et al. 1989) gekennzeichnet.

Phencyclidin (PCP), bekannt als das Halluzinogen „angels dust", blockiert spezifisch den NMDA-Rezeptor und führt aufgrund der Unterfunktion der glutamatergen Neurotransmission zu Schizophrenie-ähnlichen Symptomen (Lodge et al. 1987). Ketamin und MK-801, die an derselben Rezeptorstruktur innerhalb des NMDA-Rezeptor-Komplexes als „offene Kanalblocker" wirken, rufen dieselben psychotischen Symptome wie PCP hervor (Krystal et al. 1993, 1994). Andere Substanzen, die ebenfalls am NMDA-Rezeptor-Komplex als Antagonisten wirken, aber nicht an der PCP-Bindungsstelle des NMDA-Rezeptors, besitzen ebenfalls psychotogene Eigenschaften. CPP, CPP-ene und CGS 19755 blockieren NMDA-Rezeptoren über Effekte an der NMDA Bindungsstelle. Alle drei Substanzen induzieren eine PCP-ähnliche psychotische Reaktion (Kristensen et al. 1992, Herrling 1994, Grotta 1994).

Eine NMDA-Rezeptor-Unterfunktion kann schizophrene Positiv- und Negativ-Symptome, sowie desorganisiertes Verhalten erklären. Der Erkrankungsbeginn im frühen Erwachsenenalter nach einem „first hit" im Verlauf der Gehirnentwicklung, strukturelle ZNS-Veränderungen, aber auch kognitive Einbußen können das Ergebnis einer NMDA-Rezeptor-Dysfunktion darstellen (Olney und Farber 1995).

Bei schizophrenen Patienten fanden sich erniedrigte Plasma-Spiegel von Glycin, eines Co-Agonisten am NMDA-Rezeptor, sowie eine negative Korrelation der Glycin-Blutspiegel mit schizophrenen Negativ-Symptomen (Sumiyoshi et al. 2004). Darüber hinaus war die Höhe der Glycin-Spiegel vor der Behandlung ein Prädiktor für den Behandlungserfolg schizophrener Negativ-Symptome mit Clozapin (Sumiyoshi et al. 2005).

Klinische Studien hatten die Glycin-co-agonistische Bindungsstelle des NMDA-Rezeptors mittels Gabe der Aminosäuren Glycin oder D-serin, oder der Glycin-„Pro-drug" Milacemide zum Ziel (Tamminga et al. 1992). Einige dieser Studien haben positive Ergebnisse erbracht, besonders in der Behandlung des Defizitsyndroms und beim Gebrauch hoher Dosen der Co-Agonisten (Heresco-Levy et al. 1999, Leiderman et al. 1996, Tsai et al. 1988).

Genetik des Immunsystems und der NMDA-Rezeptor-Dysfunktion

Aktuelle Daten unterstreichen, dass der Beitrag der Genetik zum Krankheitsbild der Schizophrenie etwa 50 bis 80% beträgt (Cardno et al. 1999). Schizophrenie ist eine genetisch komplexe Erkrankung, vermutlich sind multiple Suszeptibilitätsgene involviert (Sullivan et al. 2003). Betrachtet man einerseits die hereditäre Komponente und andererseits die Rolle eines entzündlichen/ immunologischen Prozesses bei der Schizophrenie, so liegt es nahe, dass immunologisch relevante Gene, welche die Immunantwort beeinflussen, Risikogene der Schizophrenie sein könnten.

Verschiedentlich wurde gezeigt, dass genetische Faktoren die Wahrscheinlichkeit an einer Infektionskrankheit zu erkranken, beeinflussen (z.B. Konkordanzrate für Tuberkulose bei dizygoten Zwillingen 25%, bei monozygoten Zwillingen 87%; Kallmann und Reisner 1942). Dies zeigte sich sowohl in Hinblick auf erhöhte Empfindlichkeit (Blackwell 2001, Cook und Hill

2001), als auch auf erhöhte Resistenz gegen eine Infektion (Hill 1996). Mechanismen für genetisch bedingte Antworten auf Infektionen sind z.B. genetische Variationen bei Immunmediatoren wie Zytokinen und HLA-Genen. Die HLA-Region auf Chromosom 6 befindet sich in oder sehr nahe einer Kandidatenregion mit einem hohen Suszeptibilitätsrisiko für Schizophrenie, was wiederholt in Linkage-Studien gezeigt wurde (Schwab et al. 1995, 2000). Weiterhin wurden zwar Assoziationen bestimmter HLA-loci mit Schizophrenie (Laumbacher et al. 2003) oder bestimmten Subtypen der Erkrankung beschrieben (Großkopf et al. 1998, Müller et al. 1998), allerdings fehlen bis heute Bestätigungen durch die Untersuchung größerer, unabhängiger Stichproben.

Untersuchungen eines genetischen Polymorphismus in der Promoterregion des Gens für das pro-inflammatorische Zytokin TNF-alpha, welches ebenfalls in der HLA-Region auf Chromosom 6 liegt, zeigte unterschiedliche Ergebnisse (Boin et al. 2001, Meira-Lima et al. 2003, Riedel et al. 2002). Unterschiede in den Befunden sind möglicherweise u.a. auf ethnische Unterschiede zwischen den Stichproben zurückzuführen.

In Anbetracht der funktionellen Imbalance der Typ-I/Typ-II-Immunantwort wurde eine Analyse von Polymorphismen des Typ-I-Zytokins IL-2 und des Typ-II-Zytokins IL-4 durchgeführt, die Hinweise auf eine mögliche genetische Basis dieser Imbalance ergab (Schwarz et al. 2005). Verschiedene andere Zytokin-Gene und Komponenten des Immunsystems wurden untersucht, ohne eindeutige Befunde zu erbringen. U.a. mögen methodische Probleme bei der Diagnose und der Stichprobenverteilung, sowie Grösse und ethnische Unterschiede der Stichproben zu den uneindeutigen Befunden beitragen. Andererseits können aber auch das geringe genetische Gewicht jedes einzelnen Gens bei multiplen genetischen Interaktionen und – besonders in Hinblick auf das Immunsystem – die pleiotropen Funktionen der Immunkomponenten, sowie die ausgeprägten kompensatorischen funktionellen Fähigkeiten die schwachen genetischen Assoziationen erklären.

In mehreren Untersuchungen konnte repliziert werden, dass genetische Varianten von Neuregulin-1, auf Chromosom 8p gelegen (Stefansson et al. 2002, 2003, Williams et al. 2003) und Dysbindin, ebenfalls auf Chromosom 6p22 gelegen (Numakawa et al. 2004, Schwab et al. 2003, Straub et al. 2002) mit einem erhöhten Risiko für Schizophrenie assoziiert sind. Beide Gene wurden in großen Studien der letzten Jahre identifiziert. Obwohl die Funktionen der Gene noch nicht völlig geklärt sind und zumindest Neuregulin-1 multiple Funktionen in unterschiedlichen Geweben, einschließlich der als glialer Wachstumsfaktor und in der Migration cortikaler Neurone haben (Buonanno und Fischbach 2001), kodieren interessanterweise beide Gene für Proteine, die in die glutamaterge Neurotransmission involviert sind (Collier und Li 2003). Neuregulin-1 reguliert die NMDA-Rezeptor-Expression/Präsenz in glutamatergen synaptischen Vesikeln, Dysbindin findet sich präsynaptisch in glutamatergen Neuronen und ist bei Schizophrenie ebendort vermindert, vor allem im Hippokampus und dem Gyrus dentatus (Talbot et al. 2004). Diese aktuellen genetischen Befunde unterstreichen die wichtige Rolle der glutamatergen Neurotransmission bei Schizophrenie.

Entzündung, neuronale Entwicklung und NMDA-Rezeptor-Dysfunktion

Die Beschreibung Umwelt bedingter Risikofaktoren für Schizophrenie, die vor, während und kurz nach der Geburt von Relevanz sind, ist zentral für die neuronale Entwicklungshypothese der Schizophrenie (Murray und Lewis 1987). Genetische- und Umwelt-Faktoren interagieren während der kritischen Phase der Entwicklung des ZNS und können subtile Veränderungen hervorrufen, die das Individuum im späteren Leben vulnerabel für Psychosen machen (Dean und Murray 2005). Etablierte Risikofaktoren sind Geburtskomplikationen (McNeil et al. 2000, Cannon et al. 2002) oder prä- und postnatale Infektionen. Zytokine, Mediatoren der Immunantwort, sind Wachstumsfaktoren des Nervensystems und der Glia-Zellen, daher wichtig für die Entwicklung des ZNS. Geburtskomplikationen wie Hypoxie oder Verletzungen des ZNS sind mit Veränderungen in der Zytokin-Ausschüttung im ZNS verbunden (Tohmi et al. 2004).

Es wurde auch vermutet, dass der Effekt von Geburtskomplikationen durch eine glutamaterge exzitotoxische Schädigung im fötalen/neonatalen ZNS vermittelt ist (Fearon et al. 2000). Diese Vermutung wird durch Befunde im Tiermodell unterstützt, die zeigen, dass eine glutamaterge Schädigung zunächst nicht mit funktionellen Einschränkungen innerhalb des frühen Lebensabschnitts verbunden ist, sich jedoch üblicherweise während des frühen Erwachsenenalters zeigt (Farber et al. 2005). Die Sensibilisierung des ZNS gegenüber glutamaterger Toxizität scheint ein Reifungsprozess zu sein, der erst im Erwachsenenalter Symptome mit sich bringt. Entsprechend ist das Auftreten psychotischer Symptome nach Gabe des NMDA-Rezeptor-Antagonisten Ketamin beim Menschen altersabhängig. Psychotische Symptome treten selten, falls überhaupt, bei Kindern vor der Pubertät auf, zeigen sich aber bei etwa der Hälfte jüngerer oder mittelalter Erwachsener (Marshall und Longnecker 1990).

Immunsensibilisierung in der prä- und postnatalen Periode

Die neuronale Entwicklungshypothese der Schizophrenie impliziert, dass eine frühe Schädigung des ZNS, z.B. durch Geburtskomplikationen, Infektionen oder andere Noxen, zu einer erhöhten Empfindlichkeit, später eine Schizophrenie zu entwickeln, führt. Hier scheint der Mechanismus der „Sensibilisierung" auf einen pro-inflammatorischen Stimulus eine Rolle zu spielen. Während der peri- und postnatalen Periode wurde eine Sensibilisierung für Zytokin-Neurotransmitter-Interaktionen beobachtet. Beim Menschen wie auch bei manchen Tierspezies sind das ZNS und die katecholaminerge Neurotransmission zum Geburtszeitpunkt noch nicht voll entwickelt. Das Konzept der Sensibilisierung impliziert eine überdauernde Modifikation der Empfindlichkeit auf Stimuli unter bestimmten Bedingungen. So wurde kürzlich gezeigt, dass die postnatale Gabe von Interleukin-1 (IL-1) eines pleiotropen Zytokins, welches normalerweise von Immunzellen während der frühen Phase der Entzündung ausgeschüttet wird, die Neurotransmitter-Antwort auf IL-1 im späteren Leben verändert. Die Gabe einer geringen Dosis von IL-1 während der ersten Lebenstage führte zu einem veränderten Dopamin-Gehalt im Hypothalamus im Erwachsenenalter (Kabiersch et al. 1998). Diese Ergebnisse legen nahe, dass eine erhöhte Produktion von IL-1 während eines infektiösen oder entzündlichen Prozesses in der perinatalen Periode zu langdauernden, möglicherweise immerwährenden Veränderungen in zentralen (und peripheren) Neurotransmitter-Systemen führt. Darüber hinaus zeigte sich, dass die Glucocortikoid-Funktion, d.h. die Cortikosteron-Antwort auf IL-1, ebenfalls im frühen Lebensalter programmiert wird (Furukawa et al. 1998). Diese Befunde belegen, dass die immunologische bzw. hormonelle Antwort auf prä- oder perinatale Infektionen oder Entzündungen in einer Neurotransmitter-Veränderung – einschliesslich dopaminerger Veränderungen – im Erwachsenenalter resultieren kann. Ob dabei direkte Veränderungen in der Glutamat-Konzentration auftreten, wurde bisher nicht untersucht.

Entzündung und Schizophrenie

Die Rolle eines infektiösen Prozesses in der Ätiologie der Schizophrenie wird seit langem diskutiert (Müller et al. 2004a). Eine mütterliche Infektion wurde vor allem im zweiten Trimenon der Schwangerschaft mit einem später schizophrenen Kind wiederholt beschrieben (Brown et al. 2004a, Buka et al. 2001, Cannon et al. 1996, Mednick et al. 1988, Suvisaari et al. 1999, Takai et al. 1996, Westergaard et al. 1999). Eine erhöhte Infektionsrate wird auch als Erklärung für den Anstieg schizophrener Geburten zwischen Dezember und Mai herangezogen („Saisonalität") (Torrey et al. 1997). Interessante epidemiologische Studien haben den Zusammenhang zwischen Infektion und einem erhöhten Risiko, an Schizophrenie zu erkranken, untersucht. Ergebnisse der Nord-Finnland 1966 Geburtskohorte zeigten, dass eine ZNS-Infektion in der Kindheit das Risiko, später eine Psychose zu entwickeln, fünffach erhöht (Rantakallio et al. 1997, Koponen et al. 2004). In einer Follow-up Studie an Kindern, die innerhalb der ersten fünf Lebensjahre an einer (bakteriellen) Meningitis (während einer Epidemie in Brasilien) erkrankt waren, wurde gleichfalls ein fünffach erhöhtes Risiko, später eine Psychose zu entwickeln, beobachtet (Gattaz et al. 2004). Da die Entwicklung des Gehirns bei der Geburt nicht abgeschlossen ist, sondern die ersten Jahre des Lebens noch andauert, ist eine solche Infektion in den ersten fünf Lebensjahren mit der Annahme vereinbar, dass eine Infektions-getriggerte Störung der Gehirnentwicklung eine Schlüsselrolle bei der Schizophrenie spielt.

Eine persistierende (chronische) Infektion, die möglicherweise durch die Unfähigkeit des Immunsystems, diesen infektiösen Prozess abzuwehren, unterhalten wird, wird als pathoätiologischer Faktor der Schizophrenie seit vielen Jahren diskutiert. Entzündungszeichen wurden in ZNS-Gewebe schizophrener Patienten, aber nicht in Kontrollgewebe beschrieben (Körschenhausen et al. 1996). Es wurde der Begriff „milde lokalisierte chronische Enzephalitis" vorgeschlagen (Bechter et al. 2003). In Hinblick auf den Nachweis einer solchen Infektion muss berücksichtigt werden, dass unsere methodischen Möglichkeiten, eine solche lokalisierte Infektion nachzuweisen, sehr begrenzt sind, wenn man die Charakteristika mancher Erreger berücksichtigt. „Hitting and running away", d.h. einen eigengesetzlich ablaufenden Entzündungsprozess anzustossen ohne zu persistieren ist ein Charakteristikum mancher Virusinfektionen. Viren oder andere intrazelluläre Erreger ruhen möglicherweise in Zellen des lymphatischen Systems oder Nervensystems und exazerbieren unter bestimmten Bedingungen, wie etwa Stress. Die Bestimmung von Antikörper-Titern im Serum gegen unterschiedliche infektiöse Erreger ist eine sehr grobe Methode, möglicherweise nicht sensitiv genug, um einen örtlich begrenzten milden infektiösen Prozess nachzuweisen. Antikörper-Titer gegen Viren wurden im Blut schizophrener Patienten wiederholt untersucht (Yolken und Torrey 1995). Die Ergebnisse waren allerdings inkonsistent, möglicherweise auch, weil interferierende Faktoren wie z.B. die Medikation nicht kontrolliert wurden.

Eine interessante Untersuchung bestimmte Antikörper-Titer gegen Erreger nicht nur im Blut, sondern auch in der Cerebrospinal-Flüssigkeit von Patienten kurz nach Beginn der schizophrenen Erkrankung. Titer gegen Cytomegalie-Virus (CMV) und Toxoplasma gondii waren bei nicht medizierten schizophrenen Patienten signifikant erhöht im Vergleich zu antipsychotisch medizierten Patienten (Leweke et al. 2004). Das Ergebnis, dass die Antikörper-Spiegel möglicherweise mit der antipsychotischen Medikation zusammenhängen, kann zumindest teilweise frühere kontroverse Befunde erklären, obwohl Untersuchungen der Antikörper-Titer insgesamt vorsichtig interpretiert werden müssen. Der Schluss, dass unterschiedliche infektiöse Erreger – nicht auf Viren beschränkt – und nicht ein bestimmtes Pathogen mit der Exazerbation einer schizophrenen Episode zusammenhängen kann, legt die Beteiligung eines Immunmechanismus nahe. Aus immunologischer Sicht führt ein Defekt in der Abwehr eines Pathogens durch die zelluläre, Typ-I vermittelte Immunantwort zu einer „chronischen" Typ-II Aktivierung. Dies könnte sich auch im sich entwickelnden Gehirn abspielen, in welchem eine Infektion eine frühe Typ-I/Typ-II-Imbalance des ZNS-Immunsystem – durch Zytokine vermittelt – mit sich bringt. Verschiedene Befunde stützen die Ansicht, dass eine prä- oder perinatale Infektions-Exposition einen Risikofaktor, später eine Schizophrenie zu entwickeln, darstellt. Ein Fokus liegt dabei auf Influenza-, Rubella-, Masern- und Herpes simplex-Viren liegt (Pearce 2001). Virusinfektionen während der Kindheit (Koponen et al. 2004) und vor dem Ausbruch der Schizophrenie – also nicht perinatal – wurden ebenfalls mit der Erkrankung in Verbindung gebracht (Leweke et al. 2004).

Interleukin-8 (IL-8, ein pro-inflammatorisches Zytokin, wurde während der Schwangerschaft untersucht. Die IL-8 Serum-Spiegel war bei denjenigen Müttern während des zweiten Trimenons der Schwangerschaft erhöht, deren Kind später eine Schizophrenie bekam. Erhöhte IL-8-Spiegel waren also mit einem erhöhten Risiko für eine Schizophrenie des Kindes verbunden (Brown et al. 2004b).

Ein frühes „priming" der Immun-Dysbalance und/oder eine insuffiziente Immunantwort, die den Erreger nicht beseitigt, sind vermutlich die Basis späterer Immunveränderungen bei Schizophrenen.

Polarisierte Typ-I und Typ-II Immunantwort

Bei der Immunabwehr greifen die komplexen Funktionen der unterschiedlichen Komponenten des Immunsystems ineinander. Während das angeborene Immunsystem die erste Barriere des Körpers gegen Erreger darstellt, die eine komplexe Immunantwort in Gang setzt, ist das adaptive Immunsystem u.a. für wesentliche „gelernte" Immunfunktionen, die Elimination von Erregern und das immunologische Gedächtnis zuständig.

Der zelluläre Arm des adaptiven Immunsystems, der im Mausmodell vor als T-Helfer-1 (TH-1) Arm definiert ist, ist vor allem durch die aktivierenden Zytokine Interleukin-2 (IL-2) und Interferon-γ (IFN-γ) charakterisiert. Da nicht nur T-Helfer-Zellen (CD4+-Zellen), sondern auch Monozyten/Makrophagen und andere Zelltypen diese Zytokine produzieren, wird diese Form der Immunantwort als Typ-I-Immunantwort bezeichnet, während der humorale Arm des adaptiven Immunsystems vor allem durch die Typ-II-Immunantwort aktiviert wird. Diese Zellen – vor allem T-Helfer-2-Zellen (TH-2) oder Monozyten/Makrophagen (M2) – produzieren vor allem IL-4, IL-10 und IL-13 (Tabelle 1; Mills et al. 2000). Andere pro-inflammatorische Zytokine wie etwa der Tumor-Nekrose-Faktor-α (TNF-α) und IL-6 werden vor allem von Monozyten und Makrophagen ausgeschüttet. Während TNF-α ein ubiquitäres Zytokin ist, welches vor allem die Typ-I-Immunantwort aktiviert, aktiviert IL-6 die Typ-II-Immunantwort einschließlich der Antikörper-Produktion.

Das Typ-I-System fördert die Zell-vermittelte Immunantwort gegen intrazelluläre Pathogene, während die Typ-II-Antwort die B-Zell-Reifung unterstützt und die humorale Immunantwort gegen extrazelluläre Pathogene fördert. Typ-I- und Typ-II-Zytokine antagonisieren sich gegenseitig, indem sie den jeweiligen Typ der Immunantwort fördern, während sie die Immunantwort des anderen Typs supprimieren. Welches System jeweils dominiert, ist im Zeitverlauf unterschiedlich und wird durch das Verhältnis zwischen IL-4 und IFN-γ mit IL-12 ausgedrückt (Seder und Paul 1994, Romagnani 1995, Paludan 1998).

Tabelle 1. Komponenten des unspezifischen angeborenen Immunsystems und des spezifischen zellulären adaptiven Immunsystems beim Menschen

Komponenten	Angeboren	Adaptiv
Zellulär	Monozyten	T- & B-Zellen
	Makrophagen	
	Granulozyten	
	NK-Zellen	
	γ/δ-Zellen	
Humoral	Komplement, APP,	Antikörper
	Mannose Bindung Lektin (MBL)	

Tabelle 2. Übersicht über die polarisierte Immunresponse Typ-I und Typ-II

	Typ-I	Typ-II
Zytokine, z.B.	IL-2	IL-4
	IL-12	IL-13
	IFN-γ	[IL-10]
	IL-18	

Reduzierte Typ-I-Immunantwort bei Schizophrenie

Ein gut etablierter Befund der Schizophrenie-Forschung ist die verringerte in-vitro-Produktion von IL-2 (Villemain et al. 1989, Ganguli et al. 1995, Hornberg et al. 1995, Bessler et al. 1995, Cazzullo et al. 1998, Müller und Ackenheil 1998). Die Beobachtung einer verminderten IL-2-Produktion stimmt gut mit einem anderen Befund überein: der verminderten Produktion von INF-γ (Rothermundt et al. 1996, Wilke et al. 1996). Beide Befunde weisen auf eine verringerte Produktion von Typ-I-Zytokinen bei Schizophrenie hin. Die mangelnde Aktivierung des Typ-I-Arms des zellulären Immunsystems wurde auch von anderen Untersuchern postuliert, z.B. aufgrund der verringerten Spiegel von Neopterin im Serum unmedizierter Schizophrener, einem Produkt aktivierter Monozyten/Makrophagen (Sperner-Unterweger et al. 1999). Darüber hinaus spiegelt auch die Verringerte Stimulierbarkeit von Lymphozyten mit unterschiedlichen spezifischen Antigenen, z.B. Tuberkulin, eine reduzierte Typ-I-Immunantwort bei Schizophrenie wieder (Müller et al. 1991).

Das intrazelluläre Adhäsionsmolekül (ICAM-1) ist ein Molekül, das die Adhäsion von Lymphozyten an andere Zellen, einschließlich Endothelzellen und die Aktivierung des zellulären Immunsystems als Teil der Typ-I-Immunresponse vermittelt (Kuhlmann et al. 1991). Bei Schizophrenen wurden verringerte Spiegel des löslichen (s) ICAM-1 beschrieben (Schwarz et al. 2000). Verringerte Spiegel von sICAM-1 repräsentieren so auch eine Unteraktivierung des Typ-I-Immunsystems.

Einer der „klassischen" epidemiologischen Befunde der Schizophrenie-Forschung ist die negative Assoziation von Schizophrenie und rheumatoider Arthritis (Vinogradov et al. 1991). Dieser Befund kann als zwei Seiten der

Tabelle 3. Zelluläre Quellen der polarisierten Immunantwort

Herkunft	Typ-I	Typ-II
Blut und	Monozyten/Makrophagen	Monozyten/Makrophagen
lymphatische	Typ 1 (M1)	Typ 2 (M2)
Organe		
T-Helfer-Zellen	CD4⁺(TH-1)	CD4⁺ (TH-2)
ZNS	[Mikroglia] •	[Astrozyten]

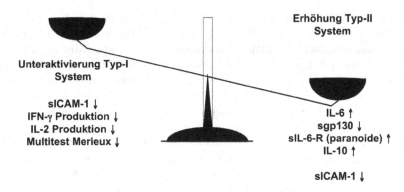

Abb. 1. Dysbalance zwischen Typ-I und Typ-II Immunsystem bei Schizophrenie

Typ-I/Typ-II-Balance-Medaille interpretiert werden – repräsentiert durch höhere sICAM-1-Spiegel bei rheumatoider Arthritis und erniedrigter sICAM-1-Spiegel bei Schizophrenie. Obwohl die jeweils unterschiedlichen sICAM-1-Spiegel nicht die negative Assoziation erklären, könnte dieser Befund zu einer besseren Einsicht in den Pathomechanismus der Erkrankungen beitragen (Krönig et al. 2005).

Eine verringerte kutane Reaktion auf verschiedene Antigene bei Schizophrenie wurden bereits vor der Ära der Antipsychotika beschrieben (Molholm 1942, Özek et al. 1971). Eine Studie, die mittels eines Hauttests die zelluläre Immunantwort bei unmedizierten schizophrenen Patienten (Multitest Merieux) untersuchte, fand ebenfalls eine verringerte Reaktion (Riedel et al. 2005).

Abbildung 1 zeigt die verringerte Typ-I-Immunantwort des „zellulären" Immunsystems, das durch die verringerte Sekretion von IFN-γ, IL-2 und sICAM-1 repräsentiert ist, während vor allem Typ-II-Zytokine ausgeschüttet werden.

IL-6 und Schizophrenie

Verschiedene Studien beschrieben erhöhte IL-6-Serum-Spiegel bei Schizophrenie (Ganguli et al. 1994, Maes et al. 1995, Frommberger et al. 1997, Lin et al. 1998). Speziell bei Patienten mit einem ungünstigen Krankheitsverlauf sind die IL-6-Serum-Spiegel hoch. Untersuchungen der löslichen IL-6-Rezeptor-Spiegel (sIL-6R) – eines Markers der Aktivität des IL-6-Systems – im Liquor cerebrospinalis zeigten, dass hohe Spiegel von sIL-6R speziell bei solchen schizophrenen Patienten zu finden sind, die ein ausgeprägteres paranoid-halluzinatorisches Syndrom aufweisen (Müller et al. 1997b).

Aktivierung der Typ-II-Immunantwort bei Schizophrenie

IL-6 ist ein Produkt aktivierter Monozyten und einer Aktivierung der Typ-II-Immunantwort. Eine Erhöhung der Monozyten-Zahl bei Schizophrenie wurde beschrieben (Wilke et al. 1996). Darüber hinaus zeigten sich verschiedene andere Anzeichen für eine Aktivierung der Typ-II-Immunantwort bei Schizophrenie, einschließlich der erhöhten Produktion von IgE (Müller et al. 2000, Ramchand et al. 1994, Schwarz et al. 2001). Es wurde auch ein Anstieg von IL-10 – einem Zytokin charakteristisch für die Typ-II-Immunantwort –beobachtet (Cazzullo et al. 1998). Eine weitere Studie zeigte, dass IL-10-Spiegel im Liquor cerebrospinalis in Beziehung zur Schwere der schizophrenen Symptomatik stehen, speziell in Hinblick auf Negativ-Symptome (van Kammen et al. 1997).

Das Schlüssel-Zytokin für die Typ-II-Immunantwort ist IL-4. Erhöhte Spiegel von IL-4 im Liquor cerebrospinalis juveniler schizophrener Patienten wurden kürzlich berichtet (Mittleman et al. 1997). Die Befunde im Liquor cerebrospinalis weisen darauf hin, dass die erhöhte Typ-II-Immunantwort bei Schizophrenie nicht nur ein Phänomen des peripheren Immunsystems darstellt, sondern auch im ZNS-Immunsystem zu finden ist.

Antipsychotika rebalancieren die Typ-I/Typ-II-Dysbalance

In-vitro-Studien zeigen, dass die verringerte IFN-γ Produktion sich unter Therapie mit Antipsychotika normalisiert (Wilke et al. 1996). Ein Anstieg der CD4+CD45RO+ Zellen („Memory-Zellen") – eine der Hauptquellen für einen Anstieg der IFN-γ Produktion – während antipsychotischer Behandlung wurde wiederholt beschrieben (Cazzullo et al. 1998, Müller et al. 1997c), was zu einem Anstieg der IFN-γ Produktion beitragen kann. Darüber hinaus wurde ein Anstieg löslicher IL-2 Rezeptoren (sIL-2R) während antipsychotischer Behandlung von verschiedenen Forschergruppen beschrieben (Maes et al. 1995, Pollmächer et al. 1995, Müller et al. 1997a). SIL-2R werden von aktivierten T-Zellen abgespalten. Der Anstieg von sIL-2R spiegelt den Anstieg der aktivier-

Tabelle 4. Studien zur Typ-I/Typ-II Immunantwort bei Schizophrenie (modifiziert nach Schwarz et al. 2001). ↑Erhöhung, ↓Erniedrigung, ↔keine Veränderung (↑↑↓↓ replizierter Befund)

Zytokin-Nachweis in	Typ-I	Typ-II
In-vitro Produktion	IFN-γ ↓↓ IL-2 ↓↓	IL-10 ↑ IL-3 ↑
Periphere Spiegel (Serum/Plasma)	IFN-γ ↔ IL-2 ↔ sIL-2R ↑↑ sICAM-1 ↓ Neopterin ↓	IgE ↑↑ Antibodies gegen verschiedene Antigene ↑↑ IL-6 ↑↑ Nach Remission: IL-6 ↓↓
Liquor cerebrospinalis	IL-2 ↓↑ IFN-γ ↓ sICAM-1 ↓	IgG ↑ IL-4 ↑ TGF-β1 ↔ TGF-β2 ↔

ten, IL-2 haltigen T-Zellen wieder. Die verringerten sICAM-1 Spiegel im Serum stiegen bereits während kurzdauernder antipsychotischer Behandlung signifikant an (Schwarz et al. 2000) und das „leucocyte funktion antigen-1" (IFA-1) Molekül auf CD4+-Zellen, der Ligand von ICAM-1, zeigte ebenfalls eine signifikant höhere Expression während antipsychotischer Therapie (Müller et al. 1999).

Eine herabgesetzte Hautreaktion auf Impfung mit Salmonella typhii wurde – im Gegensatz zu behandelten Patienten – bei Patienten, die mit Antipsychotika behandelt waren, nicht nachgewiesen (Özek et al. 1971). Diese Untersuchungen zeigen, dass die Typ-I-Immunantwort während antipsychotischer Therapie aktiviert wird. Kürzlich wurden erhöhte IL-18 Serum-Spiegel bei medizierten schizophrenen Patienten beschrieben (Tanaka et al. 2000). Da IL-18 eine wichtige Rolle bei der Typ-I-Immunantwort spielt, ist dieser Befund in Übereinstimmung mit anderen Beschreibungen einer Typ-I-Aktivierung während antipsychotischer Behandlung.

In Hinblick auf die Typ-II-Immunantwort gibt es eine Reihe von Beobachtungen, dass antipsychotische Therapie mit Neuroleptika mit einem funktionellen Verringerung des IL-6-Systems einhergeht. Zwei Studien beschrieben einen signifikanten Abfall der sIL-6R-Spiegel während antipsychotischer Behandlung (Maes et al. 1995, Müller et al. 1997a), darüber hinaus wurde ein Abfall der IL-6-Spiegel selbst beobachtet (Maes et al. 1995). Möglicherweise ist der Effekt antipsychotischer Behandlung auf IL-6 zeitabhängig: eine Untersuchung beschrieb, dass Kurzzeitbehandlung mit Clozapin (12 Tage) einen Anstieg der IL-6-Spiegel mit sich brachte (Maes et al. 1997), während eine andere Gruppe einen Anstieg der IL-6-Spiegel nach zwei Wochen Clozapin-Behandlung fanden, aber einen Abfall der IL-6-Spiegel nach weiteren vier Wochen Behandlung (Pollmächer et al. 1996).

Astrozyten, Mikroglia und Typ-I/Typ-II-Immunantwort

Neuere Untersuchungen weisen darauf hin, dass die polarisierte Immunantwort im ZNS durch die immunologische Polarisierung zwischen Astrozyten und Mikroglia-Zellen repräsentiert ist. Mikroglia-Zellen, die aus peripheren Makrophagen hervorgehen, schütten vor allem Typ-I-Zytokine wie IL-12 aus. Astrozyten hemmen die Produktion von IL-12 und ICAM-1, beide Teil des Typ-I-Immunsystems, während sie das Typ-II-Zytokin IL-10 ausschütten (Aloisi et al. 1997, 2000, Xiao und Link 1999).

Diese Polarisierung hat Bedeutung für die Rekrutierung von Monozyten/Makrophagen aus dem peripheren Blut in das ZNS und für die Funktion der Mikroglia-Zellen. Die Rekrutierung von Monozyten/Makrophagen aus dem peripheren Blut erfolgt über die Expression von Adhäsionsmolekülen, die bei Schizophrenie erniedrigt ist. Möglicherweise ist die Rekrutierung von Monozyten und die Differenzierung zu Mikroglia-Zellen gestört.

Aufgrund der Typ-I/Typ-II-Polarisierung im ZNS würde man eine verstärkte Aktivierung von Astrozyten bei Schizophrenie erwarten. Dieser Befund zeigt sich in Form von erhöhten Spiegeln von S100B bei Schizophrenie. S100B ist ein Marker der Astrozyten-Aktivierung (Zimmer et al. 1995). S100B ist im Serum und im Liquor cerebrospinalis schizophrener Patienten erhöht (Rothermundt et al. 2004a,b), unabhängig vom Medikationsstatus (Rothermundt et al. 2004c).

Zwar fand sich bei einem kleinen Prozentsatz schizophrener Patienten auch eine Mikroglia-Aktivierung, die allerdings vermutlich einen Medikationseffekt darstellt (Bayer et al. 1999). Eine Typ-I-Immunaktivierung als Folge der antipsychotischen Behandlung wurde verschiedentlich beobachtet (siehe unten).

Die Typ-I/Typ-II-Immunantwort-Imbalance bei Schizophrenie fördert die Produktion des endogenen NMDA-Rezeptor-Antagonisten Kynurenin-Säure

Abgesehen von dem exzitatorischen Neurotransmitter L-Glu hat auch der Kynurenin-Metabolit Quinolin-Säure NMDA-Rezeptor-agonistische Eigenschaften. Kynurenin ist das primäre Hauptdegradationsprodukt von Tryptophan (TRP) und der Ausgangspunkt einer metabolischen Kaskade, des Kynurenin-Metabolismus, der bekanntlich drei neuroaktive Intermediärprodukte enthält. Während der exzitatorische Kynurenin-Metabolit 3-HydroxyKynurenin (3HK) und Quinolin-Säure aus Kynurenin im Verlauf des Metabolismus zu NAD+ entstehen, stellt die Kynurenin-Säure (KynureninA) als Ableger dieses Metabolismus ein Endprodukt dar (Schwarcz und Pellicciari 2002).

KynureninA wirkt als Blocker an der Glycin-agonistischen Bindungsstelle des NMDA-Rezeptors (Kessler et al. 1989) und als ein nicht-kompetitiver Inhibitor des α7 Nikotin-Acetylcholin-Rezeptors (Hilmas et al. 2001). Beide dieser antagonistischen Effekte sind in physiologischen Konzentrationen von KynureninA wirksam.

Mehr als 95% des L-Tryptophans wird bei Säugern über den Kynurenin-Metabolismus abgebaut (Gholson et al. 1960). Diese enge Interaktion zwischen Zytokin-Effekten und dem Tryptophan/Kynurenin-Metabolismus ist die Basis für die zentrale Rolle des Kynurenin-Metabolismus bei Schizophrenie. Die Imbalance zwischen der Typ-I und der Typ-II-Immunantwort bei Schizophrenie ist oben dargestellt. Die Imbalance der Immunantwort ist eng mit der Imbalance im Kynurenin-Metabolismus verbunden.

Die beiden Enzyme, die für den ersten Schritt des Metabolismus verantwortlich sind, Tryptophan 2,3-Dioxygenase (TDO) und Indolamin-Dioxygenase (IDO) spielen eine Schlüsselrolle in der Regulation des Kynurenin-Metabolismus. IDO katalysiert die Degradation von Tryptophan zu Kynurenin (Grohmann et al. 2003). Die Enzymaktivität von IDO hängt allerdings eng mit der Typ-I/Typ-II Balance zusammen (Grohmann et al. 2003). Typ-I-Zytokine, wie IFN-γ und IL-2 stimulieren die Aktivität der IDO, und damit den Tryptophan-Katabolismus zu Kynurenin (Carline et al. 1989, Grohmann et al. 2003).

Obwohl die physiologische Rolle der TDO/IDO Dichotomie für den Tryptophan-Metabolismus noch nicht voll geklärt ist, scheint sie für die Pathophysiologie der Schizophrenie wesentlich zu sein. Es gibt einen wechselseitigen inhibitorischen Effekt von TDO und IDO: Ein Abfall der TDO-Aktivität

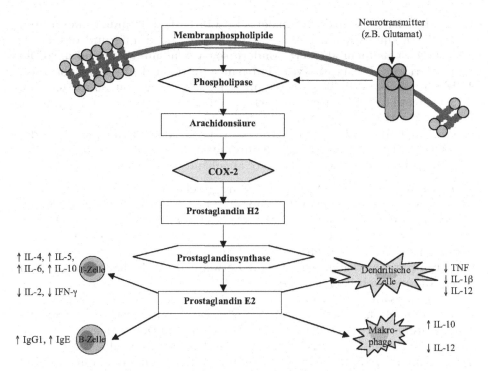

Abb. 2. Arachidonsäure Metabolismus, Cyclo-oxygenase-2, Prostaglandin E2 und Immunfunktion

entwickelt sich gleichzeitig zu einer Induktion von IDO, was einen koordinierten Shift der Tryptophan-Degradation in zu Folge hat (Takikawa et al. 1986). In ZNS-Zellen scheint die Konsequenz zu sein, dass die Tryptophan-Degradation von einem Zelltyp zum anderen shiftet, z.B. von Mikroglia zu Astrozyten. Während es seit langem bekannt ist, dass IDO in verschiedenen Typen von ZNS-Zellen exprimiert wird, dachte man lange Zeit, dass TDO sich nur in Lebergewebe befindet (Kotake und Masayama 1937). Heute allerdings weiß man, dass TDO auch in ZNS-Zellen, nämlich Astrozyten, exprimiert wird (Gal 1974, Haber 1993).

Wie oben ausgeführt, wird die Typ-I/Typ-II-Immunantwort im ZNS durch unterschiedliche Zelltypen, nämlich Astrozyten und Mikroglia-Zellen, repräsentiert (Aloisi et al. 2000). Während die Typ-I-Immunantwort im ZNS vor allem in Mikroglia-Zellen aktiviert wird, ist dies für die Typ-II-Immunantwort vor allem in Astrozyten der Fall (Aloisi et al. 2000). Während das Typ-I-Zytokin IL-12 in Mikroglia-Zellen produziert wird, wird die Ausschüttung durch Astrozyten gehemmt (Aloisi et al. 1997). Astrozyten und Mikroglia-Zellen sind also in die Balance zwischen Typ-I und Typ-II regulierende Immunsignale im ZNS involviert (Xiao und Link 1999).

Der Typ-II- oder TH-2-Shift bei der Schizophrenie (Müller et al. 2000, Schwarz et al. 2001) bringt dabei vor allem drei funktionelle Konsequenzen mit sich:

1. Die IDO- Expression, die normalerweise während der Immunantwort durch Typ-I-Zytokine, vor allem IFN-γ, aktiviert wird, wird aufgrund des Typ-II Übergewichts nicht aktiviert, sondern sogar gehemmt, während die TDO aktiviert wird. Die Typ-I/Typ-II-Imbalance führt zur IDO/TDO-Imbalance.
2. Die Typ-I/Typ-II-Imbalance ist mit der Aktivierung von Astrozyten (im Serum und Liquor Schizophrener) und einer Imbalance in der Astrozyten/ Microglia-Aktivierung assoziiert (Aloisi et al. 2000).
3. Das funktionelle Übergewicht von Astrozyten führt zur Akkumulation des NMDA-Rezeptor Antagonisten Kynureninsäure, welche in Astrozyten nicht zu dem Endprodukt Quinolinsäure abgebaut werden kann.

Tatsächlich zeigte eine Studie an Gehirngewebe des frontalen Cortex Schizophrener zur Expression von IDO und TDO genau dieses Ergebnis: eine im Vergleich zu IDO gesteigerte Expression von TDO bei schizophrenen Patienten, die gesteigerte TDO-Expression fand sich vor allem, wie erwartet, in Astrozyten, nicht in Mikroglia-Zellen (Miller et al. 2004). Der frontale Cortex bei schizophrenen Patienten ist typischerweise in Mitleidenschaft gezogen (Harrison und Weinberger 2005).

Kynureninsäure ist der einzige bekannte endogene NMDA-Rezeptor-Antagonist im menschlichen ZNS (Stone 1993). Der Befund erniedrigter Spiegel von Kynureninsäure nach der Gabe von Dopamin und Dopamin-agonistischen Substanzen unterstreicht die Sicht eines regulatorischen Feedback-Mechanismus zwischen dem Kynurenin-Metabolismus, der dopaminergen und der glutamatergen Neurotransmission (Wu et al. 2002). Der exakte Mechanismus ist allerdings noch nicht geklärt. Der Kynurenin-Metabolismus ist in die Hemmung der inhibitorischen glutamatergen Projektionen im ZNS involviert, d.h. in die Blockade der negativen Feedback-Schleife zwischen der dopaminergen und glutamatergen Neurotransmission (Carlsson et al. 2001). Ob umgekehrt der Kynurenin-Metabolismus auf diesen Weg herunterreguliert werden kann, ist derzeit noch offen.

Eine zweite Schlüsselrolle im Kynurenin-Metabolismus kommen den monozyteren Zellen, die das ZNS infiltrieren, zu. Sie helfen den Astrozyten in der weiteren Metabolisierung zu Quinolin-Säure (Guillemain et al. 2003). Allerdings legen die niedrigen Spiegel von sICAM-1 (ICAM-1 ist das Molekül, das vor allem die Penetration peripherer Monozyten und Lymphozyten in das ZNS mediiert) im Serum und im Liquor cerebrospinalis nicht mediizierter schizophrener Patienten (Müller et al. 2000, Müller und Schwarz 2003) und der Anstieg der Adhäsionsmolekülexpression während antipsychotischer Therapie nahe (Müller et al. 1999), dass die Penetration von Monozyten/Makrophagen und Lymphozyten in das ZNS nicht-medizierter schizophrener Patienten reduziert ist.

Die zelluläre Quelle von Kynurenin-Säure im ZNS

Unter der Voraussetzung, dass der Kynurenin-Metabolismus bei Schizophrenie durch die Typ-I/Typ-II-Imbalance sowie die daraus resultierenden Veränderungen einschließlich der differentiellen Aktivierung von Astrozyten und

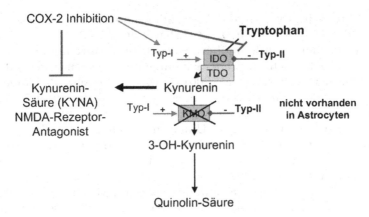

Abb. 3. Metabolisierungswege von Tryptophan/Kynurenin zu Kynureninsäure und Quinolinsäure

Mikroglia-Zellen beeinflusst wird, lässt Konsequenzen für die Schizophrenie erwarten. Verschiedene Befunde legen nahe, dass Astrozyten eine Schlüsselrolle in der Produktion von Kynureninsäure im ZNS spielen, denn Astrozyten sind die Hauptquelle von Kynureninsäure. Die zelluläre Lokalisation des Kynurenin-Metabolismus ist sowohl in Makrophagen- und Mikroglia-Zellen (Heyes et al. 1996, Espey et al. 1997), als auch in Astrozyten (Heyes et al. 1997a,b, Speziale und Schwarcz 1993).

Interessanterweise fand sich, dass das Enzym Kynurenin-OHse, ein im Kynurenin-Stoffwechsel wichtiges Enzym, in menschlichen Astrozyten nicht vorhanden ist (Guillemain et al. 2001). Dementsprechend zeigte sich, dass Astrozyten nicht 3HK produzieren können, aber in der Lage sind, große Mengen der frühen Kynurenin-Metaboliten, wie Kynurenin und Kynureninsäure zu produzieren (Guillemain et al. 2003). Dies unterstreicht die Beobachtung aus Tierexperimenten, dass die Hemmung von Kynurenin-OHse zu einem Anstieg der Kynureninsäure-Produktion im ZNS führt (Chiarugi et al. 1996), was auch in humanen Zelluntersuchungen nachgewiesen werden konnte, wobei Astrozyten die Hauptquelle für Kynurenin darstellen (Kiss et al. 2003). Die vollständige Metabolisierung von Kynurenin zu Quinolin-Säure konnte allerdings nur in Mikroglia-Zellen beobachtet werden, nicht in Astrozyten. Aufgrund des Mangels von Kynurenin-OHse, akkumuliert Kynureninsäure in Astrozyten. Dieser Befund unterstützt die Sicht, dass die Imbalance in der Aktivierung von Mikroglia und Astrozyten mit der Akkumulation von Kynureninsäure in ZNS assoziiert ist.

Die mögliche Rolle der Kynurenin-Säure bei Schizophrenie

Aufgrund der Typ-I/Typ-II-Imbalance und der Aktivierung von Astrozyten akkumulieren die Spiegel des NMDA-Rezeptor-Antagonisten Kynureninsäure im ZNS. Die Akkumulation von Kynureninsäure könnte dabei zu schizophre-

nen Symptomen führen, wie die Applikation anderer NMDA-Rezeptor-Antagonisten wie PCP oder MK801 zeigt (Erhardt et al. 2003).

Dementsprechend wurden höhere Spiegel von Kynureninsäure in der Ce-
rebrospinalflüssigkeit schizophrener Patienten im Vergleich zu gesunden Kontrollen gefunden (Erhardt et al. 2001a). Da die meisten Patienten dieser
Studie ersterkrankte schizophrene Patienten waren, die bisher nie antipsychotische Medikation erhalten hatten, kann dieser Anstieg nicht mit antipsychotischer Behandlung erklärt werden. Unter chronischer Behandlung mit Antipsychotika kommt es auch garnicht zu einem Anstieg von Kynureninsäure,
sondern eher zu einem Abfall derselben (Adler et al. 1998, Ceresoli-Borroni
et al. 1999, Schwarcz et al. 2001).

Eine Untersuchung von ZNS-Gewebsproben von 31 schizophrenen Patien-
ten in unterschiedlichen cortikalen Regionen zeigte höhere Kynureninsäure-
Spiegel im Vergleich zu sorgfältig ausgewählten Kontrollen, vor allem im
präfrontalen Cortex (Brodman area 9, Schwarcz et al. 2001). Der präfrontale
Cortex ist eine Region, von der seit langem bekannt ist, dass sie bei der
Schizophrenie eine wesentliche Rolle spielt (Andreasen et al. 1992).

In den letzten Jahren wurden Substanzen identifiziert, welche die Spiegel
der endogenen Kynureninsäure im ZNS anheben können. Eine dieser Substanzen ist PNU 156561A, ein Inhibitor der Kynurenin-OHse. Diese Substanz
ermöglicht es, die Effekte höherer endogener Kynureninsäure-Spiegel im
Tierversuch zu untersuchen (Speziale et al. 1996). Die beobachteten Effekte in
diesen Experimenten waren vergleichbar mit den Effekten, die nach systemi-
scher Gabe von psychotomimetischen Substanzen wie MK801 oder PCP auftra-
ten (Erhardt et al. 2001b). Vor allem dopaminerge Neurone im Mittelhirn
zeigten einen Anstieg ihrer Aktivität (Erhardt und Engbert 2002). Diese Untersuchungen zeigen, dass Kynureninsäure-Spiegel die dopaminerge Aktivität in
wichtigen ZNS-Regionen beeinflussen, was man bei einer Substanz, die in die
Pathogenese der Schizophrenie involviert ist, erwarten würde. Das atypische
Antipsychotikum Clozapin hat allerdings modulierende, in höheren Dosen
hemmende Effekte auf die Aktivität dopaminerger Neurone im Mittelhirn
(Schwieler et al. 2004). Dieser inhibitorischer Effekt von Clozapin, der über
die Glycin-Bildungsstelle des NMDA-Rezeptors vermittelt ist, mag für die therapeutischen Effekte bei Schizophrenie mitverantwortlich sein.

Unabhängig von den Effekten am NMDA-Rezeptor ist Kynureninsäure
auch ein potenter Antagonist des α7-Nikotin-Acetylcholin-Rezeptors (Hilmas
et al. 2001). Antagonismus zum Acetylcholin-Rezeptor ist mit kognitiven Einbußen verbunden, einem Schlüsselsymptom der Schizophrenie; schon Kraepelin und Bleuler beschrieben kognitive Einbussen als Schlüsselsymptom der
Schizophrenie (Kraepelin 1899, Bleuler 1911). Kognitive Defizite gehen oft
allen anderen schizophrenen Symptomen voraus (Weickert und Goldberg
2000) und treten manchmal bereits während der Kindheit auf (Cornblatt et al.
1999). Im Vergleich zu anderen schizophrenen Symptomen ist das kognitive
Defizit ein Basissymptom der Schizophrenie (Huber 1983, Green und Nuechterlein 1999).

Sowohl in-vitro als auch in-vivo konnte gezeigt werden, dass der Antagonismus von Kynureninsäure am Acetylcholin-Rezeptor bereits in geringeren

Konzentrationen von Kynureninsäure auftritt, als für den Antagonismus am NMDA-Rezeptor erforderlich ist. Studien zeigen, dass die Affinität von Kynureninsäure zum $\alpha 7$-Nikotin-Acetylcholin-Rezeptor etwa das Doppelte der Affinität zur Glycin-Bindungsstelle am NMDA-Rezeptor beträgt (Hilmas et al. 2001). Dieser Befund muss so interpretiert werden, dass die Einschränkung kognitiver Funktionen bereits bei geringen Konzentrationen von Kynureninsäure wirksam wird, während psychotische Symptome nur in höheren Konzentrationen von Kynureninsäure auftreten. Dies stimmt damit überein, dass kognitive Einschränkungen im Verlauf der Schizophrenie bereits früher als akute psychotische Symptome auftreten. Darüber hinaus muss postuliert werden, dass psychotische Symptome immer mit einer kognitiven Einschränkung verbunden sind, aber kognitive Einschränkungen ohne psychotische Symptome beobachtet werden können. Diese Konstellation ist typischerweise bei der Schizophrenie zu beobachten (Kraepelin 1919, Bleuler 1911).

PGE_2, Entzündung und Immun-Imbalance

Kürzlich wurde nachgewiesen, dass Prostaglandin E_2 (PGE_2) die Produktion von Typ-II-Zytokinen wie IL-4, IL-5, IL-6 und IL-10 stimuliert; jedoch die Produktion von Typ-I-Zytokinen wie IFN-γ, IL-2 und IL-12 deutlich inhibiert (Hilkens et al. 1996, Hinson et al. 1996, Stolina et al. 2000). Insgesamt hat PGE_2 eine Typ-II-induzierende und Typ-I-inhibierende Wirkung auf das Immunsystem (Stolina et al. 2000, Harris et al. 2002). Deshalb wird angenommen, dass die Inhibierung der PGE_2-Synthese gute Effekte in der Behandlung von Erkrankungen mit fehlregulierter Immunantwort hervorruft (Harris et al. 2002).

COX-2 Inhibitoren rebalancieren die Typ-I/Typ-II-Immunantwort

Eine Klasse moderner Pharmaka ist in der Lage einen Shift von einer Typ-I-dominierten Immunantwort zu einer Typ-II-dominierten Immunantwort zu induzieren: Die selektiven Cyclo-oxygense-2 (COX-2)-Inhibitoren. Eine Reihe von Studien wiesen die Typ-II-induzierenden Effekte von PGE_2 nach – das Hauptprodukt von COX-2, während Hemmung von COX-2 mit einer Hemmung von Typ-II-Zytokinen und einer Induktion von Typ-I-Zytokinen einhergeht (Pyeon et al. 2000, Stolina et al. 2000). PGE_2-Spiegel bei schizophrenen Patienten sind bisher nicht gut untersucht, erhöhte PGE_2-Spiegel wurden beschrieben (Kaiya et al. 1989). PGE_2 induziert die Produktion von IL-6, eines Zytokins, welches wiederholt bei Schizophrenie als erhöht beschrieben wurde (siehe oben). Darüber hinaus wurde bei Schizophrenie auch eine erhöhte COX-2-Expression nachgewiesen (Das und Khan 1998). Deshalb scheint die COX-2-Hemmung einen vielversprechender Ansatz in der Therapie der Schizophrenie darzustellen. COX-2-Hemmung scheint die Balance zwischen der Typ-I- und Typ-II-Immunantwort durch Hemmung von IL-6 und PGE_2, sowie durch Stimulation der Typ-I-Immunantwort wieder herzustellen (Litherland et al. 1999).

Deshalb führten wir eine prospektive, randomisierte, Doppelblind-Studie zur Therapie mit dem COX-2-Inhibitor Celecoxib add-on zu Risperidon bei akut schizophrenen Patienten durch. Es wurde ein therapeutischer Effekt von Celecoxib beobachtet (Müller et al. 2002). Immunologisch fand sich ein Anstieg der Typ-I-Immunantwort in der Celecoxib-Behandlungsgruppe, nicht in der Plazebogruppe (Müller et al. 2004b). Der klinische Effekt der COX-2-Inhibition war besonders in Hinblick auf die Verbesserung der Kognition der schizophrenen Patienten ausgeprägt (Müller et al. 2005). Der Befund eines klinischen Vorteils der COX-2-Inhibition konnte leider in einer zweiten Studie an 40 schizophrenen Patienten nicht repliziert werden. Eine nähere Analyse der Daten erbrachte, dass der Erfolg der COX-2-Inhibitor-Therapie von der Erkrankungsdauer abhängt (Müller et al. unpublished data). Die Effizienz antientzündlicher Therapie scheint in den ersten Jahren des schizophrenen Erkrankungsprozesses am ausgeprägtesten zu sein. Diese Beobachtung stimmt mit Ergebnissen von Tierversuchen überein, die zeigen, dass die Effekte der COX-2-Inhibition auf die Zytokin-Produktion, Hormone und speziell auch auf das Verhalten von der Dauer der Veränderungen und des Zeitpunkts der Anwendung des COX-2-Inhibitors abhängig sind (Casolini et al. 2002). Es scheint, dass es hier einen „point of no return" für einen therapeutischen Effekt gibt, wahrscheinlich vor allem in Hinblick auf die pathologischen Veränderungen während des entzündlichen Prozesses und seiner Folgen.

Die Rolle eines entzündlichen Prozesses bei Schizophrenie und möglicherweise auch bei anderen psychiatrischer Erkrankungen sollte ebenso wie die antientzündliche Therapie mehr in den Fokus zukünftiger Forschung rücken (Müller et al. 2004c); COX-2-Inhibition ist eine therapeutische Option unter anderen. Therapieforschung hat allerdings verschiedene Ebenen und Mechanismen in möglicher therapeutischer Angriffspunkte im ZNS-Immunsystem im Auge zu haben, einschließlich neuroanatomischer Verbindungen des dopaminerg-glutamatergen Neurotransmitter-Systems und des Kynurenin-Zweigs des Tryptophan-Metabolismus.

COX-2-Inhibitoren inhibieren die Produktion von Kynureninsäure

Über die oben beschriebenen immunologischen Mechanismen hinaus reduzieren selektive COX-2-Inhibitoren die Kynureninsäure-Spiegel mittels eines Prostaglandin-vermittelten Mechanismus (Schwieler et al. 2005). COX-Inhibierung hat dabei differentielle Effekte auf den Kynurenin-Metabolismus: Während COX-1-Inhibitoren die Spiegel von Kynureninsäure anheben, senken COX-2-Inhibitoren diese. Deshalb wurde vermutet, dass psychotische Symptome und kognitive Einschränkungen, die unter Therapie mit COX-1-Inhibitoren beobachtet wurden, dem COX-1 vermittelten Anstieg von Kynureninsäure zuzuordnen sind (Tharumaratnam et al. 2000, Clunie et al. 2003, Schwieler et al. 2005).

Ausblick

Das erhöhte genetische Risiko für Schizophrenie steht zumindest teilweise im Zusammenhang mit der glutamatergen Neurotransmission, die Prävention zusätzlicher Risiken einer Unterfunktion des glutamatergen Systems ist eines der Ziele der Schizophrenie-Behandlung. Die gesteigerte Produktion von Kynureninsäure aufgrund einer Infektion oder einer Immun-Dysbalance bedeutet ein solches zusätzliches Risiko. Für beide, das glutamaterge System und den entzündlichen Ansatz wurde eine Sensibilisierung beschrieben, die das „two hit model" der Schizophrenie erklären kann, in welchem Schizophrenie-spezifische genetische Faktoren in additiver Weise mit Umweltfaktoren interagieren, bevor die Erkrankung ausbricht. Möglicherweise ist dies sehr vereinfacht, aber viele Daten stimmen mit dem komplexeren Modell überein, in welchem unspezifische genetische Faktoren, die die Suszeptibilität für Entwicklungsstörungen steigern, mit spezifischen genetischen Faktoren und Umweltfaktoren interagieren. Infektiöse Erreger, eine Dysbalance des Immunsystems die mit Veränderungen im Tryptophan-Kynurenin-Stoffwechsel einhergehen, zur Akkumulation von Kynureninsäure und schließlich zu einer glutamaterg-dopaminergen Neurotransmitterstörung führen, sind in dieses Modell gut zu integrieren. Zukünftige Therapieforschung sollte diesen Mechanismus stärker berücksichtigen.

Literatur

Adler LE, Olincy A, Waldo M, Harris JG, Griffith J, Stevens K (1998) Schizophrenia, sensory gating, and nicotinic receptors. Schizophr Bull 24: 189–202

Aloisi F, Penna G, Cerase J, Menendez Iglesias B, Adorini L (1997) IL 12 production by central nervous system microglia is inhibited by astrocytes. J Immunol 159: 1604–1612

Aloisi F, Ria F, Adorini L (2000) Regulation of T-cell responses by CNS antigen-presenting cells: different roles for microglia and astrocytes. Immunol Today 21: 141–147

Andreasen NC, Kezai K, Alliger R, Swayze II VW, Flaum M, Kirchner P (1992) Hypofrontality in neuroleptic-naive patients and in patients with chronic schizophrenia. Arch Gen Psychiatry 49: 943–958

Bayer TA, Buslei R, Havas L, Falkai P (1999) Evidence for activation of microglia in patients with psychiatric illnesses. Neurosci Lett 27: 126–128

Bechter K, Schreiner V, Herzog S, Breitinger N, Wollinsky KH, Brinkmeier H, Aulkemeyer P, Weber F, Schüttler R (2003) CSF filtration as experimental therapy in therapy-resistant psychoses in Borna disease virus-seropositive patients. Psychiatr Prax 30 [Suppl 2]: 216–220

Bessler H, Levental Z, Karp L, Modai I, Djaldetti M, Weizman A (1995) Cytokine production in drug-free and neuroleptic-treated schizophrenic patients. Biol Psychiatry 38: 297–302

Blackwell JM (2001) Genetics and genomics of infectious disease susceptibility. TIMM 7: 521–526

Bleuler E (1911) Dementia praecox oder Gruppe der Schizophrenien. In: Aschaffenburg G (Hrsg) Handbuch der Psychiatrie. Deuticke, Leipzig Wien

Boin F, Zanardini R, Pioli R, Altamura CA, Maes M, Gennarelli M (2001) Association between -G308A tumor necrosis factor alpha gene polymorphism and schizophrenia. Mol Psychiatry 6: 79–82

Brown AS, Begg MD, Gravenstein S, Schaefer CA, Wyatt RJ, Bresnahan M, Babulas VP, Susser ES (2004a) Serologic evidence of prenatal influenza in the etiology of schizophrenia. Arch Gen Psychiatry 61: 774–780

Brown AS, Hooton J, Schaefer CA, Zhang H, Petkova E, Babulas V, Perrin M, Gorman JM, Susser ES (2004b) Elevated maternal interleukin-8 levels and risk of schizophrenia in adult offspring. Am J Psychiatry 161: 889–895

Buka SL, Tsuang MT, Torrey EF, Klebanoff MA, Berstein D, Yolken RH (2001) Maternal infections and subsequent psychosis in the offspring. Arch Gen Psychiatry 58: 1032–1037

Buonanno A, Fischbach GD (2001) Neuregulin and ErbB receptor signaling pathways in the nervous system. Curr Opin Neurobiol 11 (3): 287–296

Cannon M, Cotter D, Coffey VP, Sham PC, Takei N, Larkin C, Murray RM, O'Callaghan E (1996) Prenatal exposure to the 1957 influenza epidemic and adult schizophrenia: a follow-up study. Br J Psychiatry 168: 368–371

Cannon TD, van Erp TG, Rosso IM, Huttunen M, Lonnqvist J, Pirkola T, Salonen O, Valanne L, Poutanen VP, Standertskjold-Nordenstam CG (2002) Fetal hypoxia and structural brain abnormalities in schizophrenic patients, their siblings, and controls. Arch Gen Psychiatry 59: 35–41

Cardno AG, Marshall EJ, Coid B, Macdonald AM, Ribchester TR, Davies NJ, Venturi P, Jones LA, Lewis SW, Sham PC, Gottesman II, Farmer AE, McGuffin P, Reveley AM, Murray RM (1999) Heritability estimates for psychotic disorders: the Maudsley twin psychosis series. Arch Gen Psychiatry 56: 162–168

Carlin JM, Borden EC, Sondel PM, Byrne GI (1989) Interferon-induced indoleamine 2,3-dioxygenase activity in human mononuclear phagocytes. J Leukoc Biol 45: 29–34

Carlsson A (1978) Antipsychotic drugs, neurotransmitters, and schizophrenia. Am J Psychiatry 135: 165–173

Carlsson A (1988) The current status of the dopamine hypothesis of schizophrenia. Neuropsychopharmacol 1: 179–186

Carlsson A (1998) Schizophrenie und Neurotransmitterstörungen. Neue Perspektiven und therapeutischen Ansätze. In: Möller HJ, Müller N (Hrsg) Schizophrenie – Moderne Konzepte zu Diagnostik, Pathogenese und Therapie. Springer, Wien New York, S 93–116

Carlsson A, Waters N, Holm-Waters S, Tedroff J, Nilsson M, Carlsson ML (2001) Interactions between monoamines, glutamate and GABA in schizophrenia: new evidence. Annu Rev Pharmacol Toxicol 41: 237–260

Casolini P, Catalani A, Zuena AR, Angelucci L (2002) Inhibition of COX-2 reduces the age-dependent increase of hippocampal inflammatory markers, corticosterone secretion, and behavioural impairments in the rat. J Neurosci Res 68: 337–343

Cazzullo CL, Scarone S, Grassi B, Vismara C, Trabattoni D, Clerici M, Clerici M (1998) Cytokines production in chronic schizophrenia patients with or without paranoid behavior. Prog Neuropsychopharmacol Biol Psychiatry 22: 947–957

Ceresoli-Borroni G, Wu HQ, Guidetti P, Rassoulpour A, Roberts AC, Schwarcz R (1999) Chronic haloperidole administration decreases Kynureninurenic acid levels in rat brain. Soc Neurosci Abstr 25: 7278

Chiarugi A, Carpenedo R, Moroni F (1996) Kynurenine disposition in blood and brain of mice: effects of selective inhibitors of Kynurenine hydroxylase and Kynureninase. J Neurochem 67: 692–698

Clunie M, Crone LA, Klassen L, Yip R (2003) Psychiatric side effects of indomethacin in parturients. Can J Anaesth 50: 586–588

Collier DA, Li T (2003) The genetics of schizophrenia: glutamate not dopamine. Eur J Pharmacol 480: 177–184

Cook GS, Hill AV (2001) Genetics of susceptibility to human infectious disease. Net Rev Genetics 2: 967–977

Cornblatt BI, Obuchowski M, Roberts S, Pollack S, Erlenmeyer-Kimling E (1999) Cognitive and behavioural precursors of schizophrenia. Dev Psychopathol 11: 487–508

Das I, Khan NS (1998) Increased arachidonic acid induced platelet chemoluminiscence indicates cyclooxygenase overactivity in schizophrenic subjects. Prostaglandins Leukot Essent Fatty Acids 58:165–168

Dean K, Murray RM (2005) Environmental risk factors for psychosis. Dialogues in Clinical Neuroscience 7: 69–80

Erhardt S, Blennow K, Nordin C, Skogh E, Lindstrom LH, Engberg G (2001a) Kynureninurenic acid levels are elevated in the cerebrospinal fluid of patients with schizophrenia. Neurosci Lett 313: 6–8

Erhardt S, Oberg H, Mathe JM, Engberg G (2001b) Pharmacological elevation of endogenous Kynureninurenic acid levels activates nigral dopamine neurons. Amino Acids 20 (4): 353–362

Erhardt S, Engberg G (2002) Increased phasic activity of dopaminergic neurones in the rat ventral tegmental area following pharmacologically elevated levels of endogenous Kynureninurenic acid. Acta Physiol Scand 175: 45–53

Erhardt S, Schwieler L, Engberg G (2003) Kynureninurenic acid and schizophrenia. Adv Exp Med Biol 527: 155–165

Espey MG, Chernyshev ON, Reinhard JJ, Namboodiri MA, Colton CA (1997) Activated human microglia produce the excitotoxin quinolinic acid. Neuroreport 8: 431–434

Farber NB, Wozniak DF, Price MT, Labruyere J, Huss J, St Peter H, Olney JW (1995) Age-specific neurotoxicity in the rat associated with NMDA receptor blockade: potential relevance to schizophrenia? Biol Psychiatry 38: 788–796

Fearon P, Cotter P, Murray RM (2000) Is the association between obstretic complications and schizophrenia mediated by glutaminergic excitotoxic damage of the foetal/neonatal brain? In: Revely M, Deacon B (eds) Psychopharmacology of schizophrenia. Chapman and Hall, London, pp 21–40

Frommberger UH, Bauer J, Haselbauer P, Fraulin A, Riemann D, Berger M (1997) Interleukin-6-(IL-6) plasma levels in depression and schizophrenia: comparison between the acute state and after remission. Eur Arch Psychiatry Clin Neurosci 247: 228–233

Furukawa H, del Rey A, Monge-Arditi G, Besedovsky HO (1998) Interleukin-1, but not stress, stimulates glucocorticoid output during early postnatal life in mice. Ann NY Acad Sci 840: 117–122

Gal EM (1974) Cerebral tryptophan-2,3-dioxygenase (pyrrolase) and its induction in rat brain. J Neurochem 22: 861–863

Ganguli R, Yang Z, Shurin G, Chengappa R, Brar JS, Gubbi AV, Rabin BS (1994) Serum Interleukin-6 concentration in schizophrenia: elevation associated with duration of illness. Psychiatry Res 51: 1–10

Ganguli R, Brar JS, Chengappa KR, DeLeo M, Yang ZW, Shurin G, Rabin B (1995) Mitogen-stimulated interleukin 2 production in never-medicated, first episode schizophrenics – the influence of age of onset and negative symptoms. Arch Gen Psychiatry 52: 878

Gattaz WF, Abrahao AL, Foccacia R (2004) Childhood meningitis, brain maturation and the risk of psychosis. Eur Arch Psychiatry Clin Neurosci 254: 9–13

Gholson RK, Hankes LV, Henderson LM (1960) 3-Hydroxyanthranilic acid as an intermediate in the oxidation of the indole nucleus of tryptophan. J Biol Chem 235: 132–135

Green MF, Nuechterlein KH (1999) Should schizophrenia be treated as a neurocognitive disorder? Schizophr Bull 25: 309–319

Grohmann U, Fallarino F, Puccetti P (2003) Tolerance, DCs and tryptophan: much ado about IDO. Trends Immunol 24: 242–248

Großkopf A, Müller N, Malo A, Wank R (1998) Potential role for the narcolepsy- and multiple sclerosis-associated allele DQB1*0602 in schizophrenia subtypes. Schizophr Res 30: 187–189

Grotta J (1994) Safety and tolerability of the glutamate receptor antagonist CGS 19755 in acute stroke patients. Stroke 25: 255

Guillemin GJ, Kerr SJ, Smythe GA, Smith DG, Kapoor V, Armati PJ, Croitoru J, Brew BJ (2003) Kynurenine pathway metabolism in human astrocytes: a paradox for neuronal protection. J Neural Transm 110: 1–14

Haber R, Bessette D, Hulihan-Giblin B, Durcan MJ, Goldman D (1993) Identification of tryptophan-2,3-dioxygenase RNA in rodent brain. Neurochem 60: 1159–1162

Harris SG, Padilla J, Koumas L, Ray D, Phipps RP (2002) Prostaglandins as modulators of immunity. Trends Immunol 23: 144–150

Harrison PJ, Weinberger DR (2005) Schizophrenia genes, gene expression, and neuropathology: on the matter of their convergence. Mol Psychiatry 10: 40–68

Heresco-Levy U, Javitt DC, Ermilov M, Mordel C, Silipo G, Lichtenstein M (1999) Efficacy of high-dose glycine in the treatment of enduring negative symptoms of schizophrenia. Arch Gen Psychiatry 56: 29–36

Heresco-Levy U (2003) Glutamatergic neurotransmission modulation and the mechanisms of antipsychotic atypicality. Prog Neuropsychopharmacol Biol Psychiatry 27: 1113–1123

Herrling PL (1994) D-CPPene (SDZ EAA 494), a competitive NMDA receptor antagonist: results from animal models and first results in humans. Neuropsychopharmacol 10 (3S): 591S

Heyes MP, Achim CL, Wiley CA, Major EO, Saito K, Markey SP (1996) Human microglia convert L-tryptophan into the neurotoxin quinolinic acid. Biochem J 320: 595–597

Heyes MP, Chen CY, Major EO, Saito K (1997a) Different kynurenine pathway enzymes limit quinolinic acid formation by various human cell types. Biochem J 326: 351–356

Heyes M P, Saito K, Chen CY, Proescholdt MG, Nowak TS, Li J, Beagles KE, Proescholdt MA, Zito MA, Kawai K, Markey SP (1997b) Species heterogeneity between gerbils and rats: quinolinate production by microglia and astrocytes and accumulations in response to ischemic brain injury and systemic immune activation. J Neurochem 69: 1519–1529

Hill AV (1999) Genetics of infectious disease resistance. Curr Opin Genet Dev 6: 348–353

Hilkens CM, Snijders A, Snijdewint FG, Wierenga EA, Kapsenberg ML (1996) Modulation of T-cell cytokine secretion by accessory cell-derived products. Eur Respir J [Suppl] 22: 90s–94s

Hilmas C, Pereira EF, Alkondon M, Rassoulpour A, Schwarcz R, Albuquerque EX (2001) The brain metabolite Kynureninurenic acid inhibits alpha7 nicotinic receptor activity and increases non-alpha7 nicotinic receptor expression: physiopathological implications. J Neurosci 21: 7463–7473

Hinson RM, Williams JA, Shacter E (1996) Elevated interleukin 6 is induced by prostaglandin E2 in a murine model of inflammation: possible role of cyclooxygenase-2. Proc Natl Acad Sci USA 93: 4885–4890

Hornberg M, Arolt V, Wilke I, Kruse A, Kirchner H (1995) Production of interferons and lymphokines in leukocyte cultures of patients with schizophrenia. Schizophr Res 15: 237–242

Huber G (1983) Das Konzept substratnaher Basissymptome und seine Bedeutung für Theorie und Therapie schizophrener Erkrankungen. Nervenarzt 54: 23–32

Hynd MR, Scott HL, Dodd PR (2004) Glutamate-mediated excitotoxicity and neurodegeneration in Alzheimer's disease. Neurochem Int 45: 583–595

Jentsch JD, Roth RH (1999) The neuropharmacology of phencyclidine: from NMDA receptor hypofunction to the dopamine hypothesis of schizophrenia. Neuropsychopharmacology 20: 201–224

Kabiersch A, Furukawa H, del Rey A, Besedovsky HO (1998) Administration of interleukin-1 at birth affects dopaminergic neurons in adult mice. Ann NY Acad Sci 840: 123–127

Kallmann FJ, Reisner D (1943) Twin studies on the genetic variation in resistance to tuberculosis. J Heredity 34

Kaiya H, Uematsu M, Ofuji M, Nishida A, Takeuchi K, Nozaki M, Idaka E (1989) Elevated plasma prostaglandin E2 levels in schizophrenia. J Neural Transm 77: 39–46

Kessler M, Terramani T, Lynch G, Baudry M (1989) A glycine site associated with N-methyl-D-aspartic acid receptors: characterization and identification of a new class of antagonists. J Neurochem 52: 1319–1328

Kim JS, Kornhuber HH, Schmid-Burgk W, Holzmuller B (1980) Low cerebrospinal fluid glutamate in schizophrenia patients and a new hypothesis of glutamatergic neuronal dysfunction. Neurosci Lett 20: 379–382

Kiss C, Ceresoli-Borroni G, Guidetti P, Zielke CL, Zielke HR, Schwarcz R (2003) Kynureninurenate production by cultured human astrocytes. J Neural Transm 110: 1–14

Koponen H, Rantakallio P, Veijola J, Jones P, Jokelainen J, Isohanni M (2004) Childhood central nervous system infections and risk for schizophrenia. Eur Arch Psychiatry Clin Neurosci 254: 9–13

Kornhuber J, Wiltfang J, Bleich S (2004) The etiopathogenesis of schizophrenia. Pharmacopsychiat 37 [Suppl 2]: S103–S112

Kotake Y, Masayama T (1937) Über den Mechanismus der Kynureninurein-Bildung aus Tryptophan. Hoppe Seylers Z Physiol Chem 243: 237–244

Körschenhausen D, Hampel H, Ackenheil M, Penning R, Müller N (1996) Fibrin degradation products in post mortem brain tissue of schizophrenics: a possible marker for underlying inflammatory processes. Schizophr Res 19: 103–109

Kraepelin E (1899) Psychiatrie. Ein Lehrbuch für Studierende und Ärzte, Bd 6. Barth, Leipzig

Kristensen JD, Svensson B, Gordh T (1992) The NMDA receptor antagonist CPP abolishes neurogenig „wind-up" after intrathecal administration in humans. Pain 51: 249–253

Krönig H, Riedel M, Schwarz MJ, Strassnig M, Möller HJ, Ackenheil M, Müller N (2005) ICAM G241A Polymorphism and soluble ICAM-1 serum levels – evidence for an active immune process in schizophrenia. Neuroimmunomodulation 12: 54–59

Krystal JH, Karper LP, Seibyl JPDelaney R, Bremner JD, Bowers MB Jr, Charney DS (1993) Dose related effects of the NMDA antagonist, ketamine, in healthy humans. Schizophr Res 9: 240–241

Krystal JH, Karper LP, Seibyl JP, Freeman GK, Delaney R, Bremner JD, Heninger GR, Bowers MB Jr, Charney DS (1994) Subanesthetic effects of the noncompetitive NMDA antagonist, ketamine, in humans. Psychotomimetic, perceptual, cognitive, and neuroendocrine responses. Arch Gen Psychiatry 51: 199–214

Kuhlman P, Moy VT, Lollo BA, Brian AA (1991) The accessory function of murine intercellular adhesion molecule-1 in T-lymphocyte activation: contribution of adhesion and co-activation. J Immunol 146: 1773–1782

Laruelle M, Abi-Dargham A, van Dyck CH, Gil R, D'Souza CD, Erdos J, McCance E, Rosenblatt W, Fingado C, Zoghbi SS, Baldwin RM, Seibyl JP, Krystal JH, Charney DS, Innis RB (1996) Single photon emission computerized tomography imaging of amphetamine-induced dopamine release in drug-free schizophrenic subjects. Proc Natl Acad Sci USA 93: 9235–9240

Laumbacher B, Müller N, Bondy B, Schlesinger B, Gu S, Fellerhoff B, Wank R (2003) Significant frequency deviation of the class I polymorphism HLA-A10 in schizophrenic patients. J Med Genet 40: 217–219

Leiderman E, Zylberman I, Zukin SR, Cooper TB, Javitt DC (1996) Preliminary investigation of high-dose oral glycine on serum levels and negative symptoms in schizophrenia: an open-label trial. Biol Psychiatry 39: 213–215

Leweke FM, Gerth C W, Koethe D, Klosterkotter J, Ruslanova I, Krivogorsky B, Torrey E F and Yolken R H (2004) Antibodies to infectious agents in individuals with recent onset schizophrenia. Eur Arch Psychiatry Clin Neurosci 254: 4–8

Lin A, Kenis G, Bignotti S, Tura GJB, De Jong R, Bosmans E, Pioli R, Altamura C, Scharpé S, Maes M (1998) The inflammatory response system in treatment-resistant schizophrenia: increased serum interleukin-6. Schizophr Res 32: 9–15

Litherland SA, Xie XT, Hutson AD, Wasserfall C, Whitacker DS, She JX, Hofig A, Dennis MA, Fuller K, Cook R, Schatz D, Moldawer LL, Clare-Salzler MJ (1999) Aberrant prostaglandin synthase 2 expression defines an antigen-presenting cell defect for insulin-dependent diabetes mellitus. J Clin Invest 104: 515–523

Lodge D, Aram JA, Church J, Davies SN, Martin D, O'Shoughnessy CT, Zeman S (1987) Excitatory amino acids and phencyclidine-like drugs. In: Hicks TP, Lodge D, McLennan H (eds) Excitatory amino acid transmission. Alan R Liss, New York, pp 83–90

Maes M, Bosmans E, Calabrese J, Smith R, Meltzer HY (1995) Interleukin-2 and Interleukin-6 in schizophrenia and mania: effects of neuroleptics and mood-stabilizers. J Psychiatr Res 29: 141–152

Maes M, Bosmans E, Kenis G, De Jong R, Smith RS, Meltzer HY (1997) In vivo immunomodulatory effects of clozapine in schizophrenia. Schizophr Res 26: 221–225

Marshall BE, Longnecker DE (1990) General anesthetics. In: Goodman LS, Gilman A, Rall TW, Nies AS, Taylor P (eds) The pharmacological basis of therapeutics. Pergamon Press, Elmsford NY, pp 285–310

Masu M, Tanabe Y, Tsuchida K, Shigemoto R, Nakanishi S (1991) Sequence and expression of a metabotropic glutamate receptor. Nature 349: 760–765

McNeil TF, Cantor-Graae E, Weinberger DR (2000) Relationship of abstretic complications and differences in size of brain structures in monozygotic twin pairs discordant for schizophrenia. Am J Psychiatry 157: 203–212

Mednick SA, Machon RA, Huttunen MO, Bonett D (1988) Adult schizophrenia following prenatal exposure to an influenza epidemic. Arch Gen Psychiatry 45: 817–824

Meira-Lima IV, Pereira AC, Mota GF, Floriano M, Araujo F, Mansur AJ, Krieger JE, Vallada H. (2003) Analysis of a polymorphism in the promoter region of the tumor necrosis factor alpha gene in schizophrenia and bipolar disorder: further support for an association with schizophrenia. Mol Psychiatry 8: 718–720

Miller CL, Llenos IC, Dulay JR, Barillo MM, Yolken RH, Weis S (2004) Expression of the Kynurenine pathway enzyme tryptophane 2,3-dioxygenase is increased in the frontal cortex of individuals with schizophrenia. Neurobiol Dis 15: 618–629

Miller DW, Abercrombie ED (1996) Effects of MK-801 on spontaneous and amphetamine-stimulated dopamine release in striatum measured with in vivo microdialysis in awake rats. Brain Res Bull 40: 57–62

Mills CD, Kincaid K, Alt JM, Heilman MJ, Hill AM (2000) Macrophages and the Th1/Th2 paradigm. J Immunol 164: 6166–6173

Mittleman BB, Castellanos FX, Jacobson LK, Rapoport JL, Swedo SE, Shearer GM (1997) Cerebrospinal fluid cytokines in pediatric neuropsychiatric disease. J Immunol 159: 2994–2999

Molholm HB (1942) Hyposensitivity to foreign protein in schizophrenic patients. Psychiatr Quaterly 16: 565–571

Möller HJ (2004) Course and long-term treatment of schizophrenic psychoses. Pharmacopsychiatry 37 [Suppl 2]: S125–S135

Müller N, Ackenheil M (1998) Psychoneuroimmunology, the cytokine network in the CNS, and the implications for psychiatric disorders. Progr Neuropsychopharmacol Biol Psychiatry 22: 1–31

Müller N, Schwarz MJ (2003) Role of the cytokine network in major psychoses. In: Hertz L (ed) Non-neuronal cells of the nervous system: function and dysfunction. Elsevier, Amsterdam, pp 999–1031

Müller N, Ackenheil M, Hofschuster E, Mempel W, Eckstein R (1991) Cellular immunity in schizophrenic patients before and during neuroleptic therapy. Psychiatry Res 37: 147–160

Müller N, Empel M, Riedel M, Schwarz MJ, Ackenheil M (1997a) Neuroleptic treatment increases soluble IL-2 receptors and decreases soluble IL-6 receptors in schizophrenia. Eur Arch Psychiatry Clin Neurosci 247: 308–313

Müller N, Dobmeier P, Empel M, Riedel M, Schwarz M, Ackenheil M (1997b) Soluble IL-6 Receptors in the serum and cerebrospinal fluid of paranoid schizophrenic patients. Eur Psychiatry 12: 294–299

Müller N, Riedel M, Schwarz M, Gruber R, Ackenheil M (1997c) Immunomodulatory effects of neuroleptics to the cytokine system and the cellular immune system in schizophrenia. In: Wieselmann G (ed) Current update in psychoimmunology. Springer, Wien New York, pp 57–67

Müller N, Schlesinger BC, Hadjamu M, Riedel M, Schwarz MJ, Primbs J, Ackenheil M, Wank R, Gruber R (1998) Cytotoxic gamma/delta cells (g/d+CD8+) are elevated in unmedicated schizophrenic patients and related to the blood-brain barrier and the HLA allele DPA 02011. Schizophr Res 12: 69–71

Müller N, Hadjamu M, Riedel M, Primbs J, Ackenheil M, Gruber R (1999) The adhesion-molecule receptor expression on T helper cells increases during treatment with neuroleptics and is related to the blood-brain barrier permeability in schizophrenia. Am J Psychiatry 156: 634–636

Müller N, Riedel M, Ackenheil M, Schwarz MJ (2000) Cellular and humoral immune system in schizophrenia: a conceptual re-evaluation. World J Biol Psychiatry 1: 173–179

Müller N, Riedel M, Scheppach C, Brandstätter B, Sokkullu S, Krampe K, Ulmschneider M, Möller H-J, Schwarz M (2002) Beneficial anti-psychotic effects of celecoxib add-on therapy compared to risperidone alone in schizophrenia. Am J Psychiatry 159: 1029–1034

Müller N (2004a) Immunological and infectious aspects of schizophrenia (Editorial). Eur Arch Psychiatry Clin Neurosci 254: 1–3

Müller N, Ulmschneider M, Scheppach C, Schwarz MJ, Ackenheil M, Möller H-J, Gruber R, Riedel M (2004b) COX-2 inhibition as a treatment approach in schizophrenia: immunological considerations and clinical effects of celecoxib add-on therapy. Eur Arch Psychiatry Clin Neurosci 254: 14–22

Müller N, Riedel M, Schwarz MJ (2004c) Psychotropic effects of COX-2 inhibitors – a possible new approach for the treatment of psychiatric disorders. Pharmacopsychiat 37: 266–269

Müller N, Riedel M, Schwarz MJ, Engel RR (2005) Clinical effects of COX-2 inhibitors on cognition in schizophrenia. Eur Arch Psychiatry Clin Neurosci 255: 149–151

Murray RM, Lewis SW (1987) Is schizophrenia a neurodevelopmental disorder? BMJ 295: 681–682

Nakanishi S (1992) Molecular diversity of glutamate receptors and implications for brain function. Science 258: 597–603

Neidhart M, Pataki F, Fehr K (1995) Increased soluble endothelial adhesion molecules in rheumatoid arthritis correlate with circulating cytokines and depletion of CD45R0+ T-lymphocytes from blood stream. Schweiz Med Wochenschr 125: 424–428

Nilsson LK, Schwieler L, Engberg G, Linderholm KR, Erhardt S (2005) Activation of noradrenergic locus coeruleus neurons by clozapine and haloperidol: involvement of glutamatergic mechanisms. Int J Neuropsychopharmacol Mar 1: 1–11 [Epub ahead of print]

Numakawa T, Yagasaki Y, Ishimoto T, Okada T, Suzuki T, Iwata N, Ozaki N, Taguchi T, Tatsumi M, Kamijima K, Straub RE, Weinberger DR, Kunugi H, Hashimoto R (2004) Evidence of novel neuronal functions of dysbindin, a susceptibility gene for schizophrenia. Hum Mol Genet 13: 2699–2708

Olney JW, Farber NB (1995) Glutamate receptor dysfunction and schizophrenia. Arch Gen Psychiatry 52: 998–1007

Özek M, Töreci K, Akkök I, Güvener Z (1971) The influence of treatment with neuroleptics upon the antibody-formation. Psychopharmacologia 21: 401–412

Paludan SR (1998) Interleukin-4 and interferon-gamma: the quintessence of a mutual antagonistic relationship. Scand J Immunol 48: 459–468

Pearce BD (2001) Schizophrenia and viral infection during neurodevelopment: a focus on mechanisms. Mol Psychiatry 6: 634–646

Pollmächer T, Hinze-Selch D, Mullington J (1996) Effects of clozapine on plasma cytokine and soluble cytokine receptor levels. J Clin Pharmacol 16: 403–409

Pyeon D, Diaz FJ, Splitter GA (2000) Prostaglandin E(2) increases bovine leukemia virus tax and pol mRNA levels via cyclooxygenase 2: regulation by interleukin-2, interleukin-10, and bovine leukemia virus. J Virol 74: 5740–5745

Ramchand R, Wei J, Ramchand CN, Hemmings GP (1994) Increased serum IgE in schizophrenic patients who responded poorly to neuroleptic treatment. Life Sci 54: 1579–1584

Rantakallio P, Jones P, Moring J, von Wendt L (1997) Association between central nervous system infections during childhood and adult onset schizophrenia and other psychoses: a 28-year follow-up. Int J Epidemiol 26: 837–843

Riedel M, Krönig H, Schwarz MJ, Engel RR, Kühn KU, Sikorski Ch, Sokullu S, Ackenheil M, Möller HJ, Müller N (2002) No association between the G308A polymorphism of the tumor necrosis factor-alpha gene and schizophrenia. Eur Arch Psychiatry Clin Psychiat 252: 232–234

Riedel M, Strassnig M, Spellmann I, Sikorski Ch, Schwarz MJ, Möller HJ, Müller N (2005) Decreased cellular immune response in schizophrenic patients. J Psychiatr Res (in press)

Romagnani S (1995) Biology of human TH1 and TH2 cells. J Clin Immunol 15: 121–129

Rothermundt M, Arolt V, Peters M, Gutbrodt H, Fenker J, Kersting A, Kirchner H (2001b) Inflammatory markers in major depression and melancholia. J Affect Dis 63: 93–102

Rothermundt M, Ponath G, Arolt V (2004a) S100B in schizophrenic psychosis. Int Rev Neurobiol 59: 445–470

Rothermundt M, Falkai P, Ponath G, Abel S, Bürkle H, Diedrich M, Hetzel G, Peters M, Siegmund A, Pedersen A, Maier W, Schramm J, Suslow T, Ohrmann P, Arolt V (2004b) Glial cell dysfunction in schizophrenia indicated by increased S100B in the CSF. Mol Psychiatry 9: 897–899

Rothermundt M, Ponath G, Glaser T, Hetzel G, Arolt V (2004c) S100B serum levels and long-term improvement of negative symptoms in patients with schizophrenia. Neuropsychopharmacol 29: 1004–1011

Schwab SG, Albus M, Hallmayer J, Honig S, Borrmann M, Lichtermann D, Ebstein RP, Ackenheil M, Lerer B, Risch N (1995) Evaluation of a susceptibility gene for schizophrenia on chromosome 6p by multipoint affected sib-pair linkage analysis. Nat Genet 11: 325–327

Schwab SG, Hallmayer J, Albus M, Lerer B, Eckstein GN, Borrmann M, Segman RH, Hanses C, Freymann J, Yakir A, Trixler M, Falkai P, Rietschel M, Maier W, Wildenauer

DB (2000) A genome-wide autosomal screen for schizophrenia susceptibility loci in 71 families with affected siblings: support for loci on chromosome 10p and 6. Mol Psychiatry 5: 638–649

Schwab SG, Knapp M, Mondabon S, Hallmayer J, Borrmann-Hassenbach M, Albus M, Lerer B, Rietschel M, Trixler M, Maier W, Wildenauer DB (2003) Support for association of schizophrenia with genetic variation in the 6p22.3 gene, dysbindin, in sib-pair families with linkage and in an additional sample of triad families. Am J Hum Genet 72: 185–190

Schwarcz R, Pellicciari R (2002) Manipulation of brain kynurenines: glial targets, neuronal effects, and clinical opportunities. J Pharmacol Exp Ther 303: 1–10

Schwarcz R, Rassoulpour A, Wu HQ, Medoff D, Tamminga CA, Roberts RC (2001) Increased cortical kynureninurenate content in schizophrenia. Biol Psychiatry 50: 521–530

Schwarz MJ, Riedel M, Ackenheil M, Müller N (2000) Deceased levels of soluble intercellular adhesion molecule-1 (sICAM-1) in unmedicated and medicated schizophrenic patients. Biol Psychiatry 47: 29–33

Schwarz MJ, Chiang S, Müller N, Ackenheil M (2001) T-Helper-1 and T-Helper-2 responses in psychiatric disorders. Brain Behav Immun 15: 340–370

Schwarz MJ, Krönig H, Riedel M, Dehning S, Douhet A, Spellmann I, Ackenheil M, Möller HJ, Müller N (2005) IL-2 and IL-4 polymorphisms as candidate genes in schizophrenia. Eur Arch Psychiatry Clin Neurosci (in press)

Schwieler L, Engberg G, Erhardt S (2004a) Clozapine modulates midbrain dopamine neuron firing via interaction with the NMDA receptor complex. Synapse 52:114–122

Schwieler L, Erhardt S, Erhardt C, Engberg G (2005) Prostaglandin-mediated control of rat brain kynureninurenic acid synthesis – opposite actions by COX-1 and COX-2 isoforms. J Neural Transm 112: 863–872

Seder RA, Paul W E (1994) Acquisition of lymphokine-producing phenotype by CD4+ T cells. Annu Rev Immunol 12: 635–673

Speciale C, Schwarcz R (1993) On the production and disposition of quinolinic acid in rat brain and liver slices. J Neurochem 60: 212–218

Speciale C, Wu HQ, Cini M, Marconi M, Varasi M, Schwarcz R (1996) (R,S)-3,4-dichlorobenzoylalanine (FCE 28833A) causes a large and persistent increase in brain Kynureninurenic acid levels in rats. Eur J Pharmacol 315: 263–267

Sperner-Unterweger B, Miller C, Holzner B, Widner B, Fleischhacker WW, Fuchs D (1999) Measurement of neopterin, kynurenine and tryptophan in sera of schizophrenic patients. In: Müller N (ed) Psychiatry, psychimmunology, and viruses. Springer, Wien New York, pp 115–119

Stalder AK, Pagenstecher A, Yu NC, Kincaid C, Chiang CS, Hobbs MV, Bloom FE, Campbell IL (1997) Lipopolysaccharide-induced IL-12 expression in the central nervous system and cultured astrocytes and microglia. J Immunol 159: 1344–1351

Stefansson H, Sigurdsson E, Steinthorsdottir V, Bjornsdottir S, Sigmundsson T, Ghosh S, Brynjolfsson J, Gunnarsdottir S, Ivarsson O, Chou TT, Hjaltason O, Birgisdottir B, Jonsson H, Gudnadottir VG, Gudmundsdottir E, Bjornsson A, Ingvarsson B, Ingason A, Sigfusson S, Hardardottir H, Harvey RP, Lai D, Zhou M, Brunner D, Mutel V, Gonzalo A, Lemke G, Sainz J, Johannesson G, Andresson T, Gudbjartsson D, Manolescu A, Frigge ML, Gurney ME, Kong A, Gulcher JR, Petursson H, Stefansson K (2002) Neuregulin 1 and susceptibility to schizophrenia. Am J Hum Genet 71: 877–892

Stefansson H, Sarginson J, Kong A, Yates P, Steinthorsdottir V, Gudfinnsson E, Gunnarsdottir S, Walker N, Petursson H, Crombie C, Ingason A, Gulcher JR, Stefansson K, St Clair D (2003) Association of neuregulin 1 with schizophrenia confirmed in a Scottish population. Am J Hum Genet 72: 83–87

Stolina M, Sharma S, Lin Y, Dohadwala M, Gardner B, Luo J, Zhu L, Kronenberg M, Miller PW, Portanova J, Lee JC, Dubinett SM (2000) Specific inhibition of cyclooxygenase 2 restores antitumor reactivity by altering the balance of IL-10 and IL-12 synthesis. J Immunol 164: 361–370

Stone TW (1993) Neuropharmacology of quinolinic and kynurenine acids. Pharmacol Rev 43: 309–379

Straub RE, Jiang Y, MacLean CJ, Ma Y, Webb BT, Myakishev MV, Harris-Kerr C, Wormley B, Sadek H, Kadambi B, Cesare AJ, Gibberman A, Wang X, O'Neill FA, Walsh D, Kendler KS (2002) Genetic variation in the 6p22.3 gene DTNBP1, the human ortholog of the mouse dysbindin gene, is associated with schizophrenia. Am J Hum Genet 71: 337–348

Sullivan PF, Kendler KS, Neale MC (2003) Schizophrenia as a complex trait: evidence from a meta-analysis of twin studies. Arch Gen Psychiatry 60: 1187–1192

Sumiyoshi T, Anil AE, Jin D, Jayathilake K, Lee M, Meltzer HY (2004) Plasma glycine and serine levels in schizophrenia compared to normal controls and major depression: relation to negative symptoms. Int J Neuropsychopharmacol 7:1–8

Sumiyoshi T, Jin D, Jayathilake K, Lee M, Meltzer HJ (2005) Prediction of the ability of clozapine to treat negative symptoms from plasma glycine and serine levels in schizophrenia. Int J Neuropsychopharmacol 8: 1–5

Suvisaari J, Haukka J, Transkanen A, Hovi T, Lonnquist J (1999) Association between prenatal exposure to poliovirus infection and adult schizophrenia. Am J Psychiatry 156: 1100–1102

Takai N, Mortensen PB, Klaening U, Murray RM, Sham PC, O'Callaghan E, Munk-Jorgensen P (1996) Relationship between in utero exposure to influenza epidemics and risk of schizophrenia in Denmark. Biol Psychiatry 40: 817–824

Takikawa O, Yoshida R, Kido R, Hayaishi O (1986) Tryptophan degradation in mice initiated by indoleamine 2,3-dioxygenase. J Biol Chem 261: 347–351

Talbot K, Eidem WL, Tinsley CL, Benson MA, Thompson EW, Smith RJ, Hahn CG, Siegel SJ, Trojanowski JQ, Gur RE, Blake DJ, Arnold SE (2004) Dysbindin-1 is reduced in intrinsic, glutamatergic terminals of the hippocampal formation in schizophrenia. J Clin Invest 113: 1353–1363

Tanaka KF, Shintani F, Fujii Y, Yagi G, Asai M (2000) Serum interleukin-18 levels are elevated in schizophrenia. Psychiatry Res 96: 75–80

Tamminga CA, Cascella N, Fakouhl TD, Hertin RL (1992) Enhancement of NMDA-mediated transmission in schizophrenia: effects of milacemide. In: Meltzer HY (ed) Novel antipsychotic drugs. Raven Press, New York, pp 171–177

Tharumaratnam D, Bashford S, Khan SA (2000) Indomethacin induced psychosis. Postgrad Med J 76: 736–737

Tohmi M, Tsuda N, Watanabe Y, Kakita A, Nawa H (2004) Perinatal inflammatory cytokine challenge results in distinct neurobehavioral alterations in rats: implication in psychiatric disorders of developmental origin. Neurosci Res 50: 67–75

Torrey EF, Miller J, Rawlings R, Yolken RH (1997) Seasonality of births in schizophrenia and bipolar disorder: a review of the literature. Schizophr Res 28: 1–38

Tsai G, Yang P, Chung LC, Lange N, Coyle JT (1998) D-serine added to antipsychotics for the treatment of schizophrenia. Biol Psychiatry 44: 1081–1089

Van Kammen DP, McAllister-Sistilli CG, Kelley ME (1997) Relationship between immune and behavioral measures in schizophrenia. In: Wieselmann G (ed) Current update in psychoimmunology. Springer, Wien New York, pp 51–55

Villemain F, Chatenoud L, Galinowski A, Homo-Delarche F, Genestet D, Loo H, Zarifarain E, Bach JF (1989) Aberrant T-cell-mediated immunity in untreated schizophrenic patients: deficient Interleukin-2 production. Am J Psychiatry 146: 609–616

Vinogradov S, Gottesman II, Moises HW, Nicol S (1991) Negative association between schizophrenia and rheumatoid arthritis. Schizophr Bull 17: 669–678

Weickert TW, Goldberg TE (2000) The course of cognitive impairment in patients with schizophrenia. In: Sharma T, Harvey P (eds) Cognition in schizophrenia: impairments, importance and treatment strategies. Oxford University Press, Oxford NY, pp 3–15

Westergaard T, Mortensen PB, Pedersen CB, Wohlfahrt J, Melbye M (1999) Exposure to prenatal and childhood infections and the risk of schizophrenia: suggestions from a study of sibship characteristics and influenca prevalence. Arch Gen Psychiatry 56: 993–998

Wilke I, Arolt V, Rothermundt M, Weitzsch Ch, Hornberg M, Kirchner H (1996) Investigations of cytokine production in whole blood cultures of paranoid and residual schizophrenic patients. Eur Arch Psychiatry Clin Neurosci 246: 279–284

Williams NM, Preece A, Spurlock G, Norton N, Williams HJ, Zammit S, O'Donovan MC, Owen MJ (2003) Support for genetic variation in neuregulin 1 and susceptibility to schizophrenia. Mol Psychiatry 8: 485–487

Wu HQ, Lee SC, Scharfmann HE, Schwarcz R (2002) L-4-chlorokynurenine attenuates kainate-induced seizures and lesions in the rat. Exp Neurol 177: 222–232

Xiao BG, Link H (1999) Is there a balance between microglia and astrocytes in regulating Th1/Th2-cell responses and neuropathologies? Immunology Today 20: 477–479

Yolken RH, Torrey EF (1995) Viruses, schizophrenia, and bipolar disorder. Clin Microbiol Rev 8: 131–145

Zimmer DB, Cornwall EH, Landar A, Song W (1995) The S100 protein family: history, function, and expression. Brain Res Bull 37: 417–429

Korrespondenz: Prof. Dr. Dipl.-Psych. N. Müller, Klinik für Psychiatrie und Psychotherapie, Ludwig-Maximilians-Universität, Nußbaumstraße 7, 80336 München, Bundesrepublik Deutschland, e-mail: norbert.mueller@med.uni-muenchen.de

Die Rolle der Pharmakogenetik/-genomic für die Behandlung der Schizophrenie

M. Ackenheil

Psychiatrische Klinik, Ludwig-Maximilians-Universität München,
Bundesrepublik Deutschland

Seit der Einführung des Chlorpromazins (1954) und der anderen klassischen Neurolepika, sowie der späteren Entdeckung des Clozapins und der nachfolgenden Entwicklung der anderen atypischen Antipsychotika wurde die Behandlung schizophrener Erkrankungen wesentlich verbessert. Es steht heute eine Vielzahl von Antipsychotika zur Verfügung, die sich in ihren pharmakologischen Eigenschaften z.B. ihrem Rezeptorprofil deutlich unterscheiden. Dennoch gibt es auch heute noch in der klinischen Praxis fast ein Drittel sogenannte Non-responder, die auf die medikamentöse Behandlung nicht ansprechen. Dies führt dann häufig zur Kombination mehrerer Medikamente, meist nach Gesichtspunkten von Trial und Error, ohne dass Prinzipien der klinischen Pharmakologie ausreichend berücksichtigt werden. Verschiedene Faktoren konnten für diese Misserfolge identifiziert werden (Tabelle 1). Neben der Heterogenität der Erkrankung sowie der Dauer der unbehandelten Psychose, spielen pharmakokinetische und pharmakodynamische Gesichtspunkte eine wesentliche Rolle (Abb. 1). Pharmakogenetik beschreibt den Zusammenhang einzelner Gene mit Wirkungen, Pharmakogenomic versucht alle beteiligten Gene zu analysieren.

Pharmakokinetische Aspekte

Physikalisch-chemische Eigenschaften eines Moleküls bestimmen den Grad der Fettlöslichkeit, die Lipophylie, der einen Einfluss auf den Durchtritt durch die Blut-Hirn Schranke hat und auch die Proteinbindung beeinflusst. Die Lipophylie wird durch den Log P ausgedrückt, der für verschiedene Antipsychotika deutliche Variationen aufweist (Amisulprid 1,1; Haloperidol 3,52; Clozapin 3,62; Perazin 3,8). Auch die Proteinbildung ist hierdurch unterschiedlich ausgeprägt (Amisulprid: 17%; Haloperidol 85%; Clozapin 94,5%; Perazin 95,4%). Amisulprid nimmt gegenüber den anderen Antipsychotika eine Sonderstellung ein, wodurch sich ein Teil seines speziellen Wirkungsprofils erklären lässt.

Tabelle 1. Determinanten für Reaktionen auf Medikamente

Galenische Zubereitung
Physikalisch-chemische Eigenschaften
Absorption: Multidrugresistenzproteine
Metabolismus des Arzneimittels: P450 Cytochrome
Eindringen ins Gehirn
Pharmakodynamische Aspekte

Für den Transport in und aus der Zelle sind weitere Proteine, die Multidrugresistenz-Proteine (MDR1, MDR3) verantwortlich (Silverman et al. 1999) die erst in neuerer Zeit das Interesse der Psychopharmakologen erweckten. Verschiedene Psychopharmaka haben unterschiedliche Affinitäten zu diesen P-glycoproteinen (Boulton et al. 2002) und werden hierdurch auch in unterschiedlichen Konzentrationen in den Nervenzellen angereichert. Diese Proteine liegen in genetischen Varianten vor. Das Gen MDR1 führt je nach Variante zu bis zu 2-fach unterschiedlicher Expression des P-glycoproteins (Hoffmeyer et al. 2000)

In einer ersten Studie an unserer Klinik konnte gezeigt werden, dass mit Risperidon behandelte Patienten, die das MDR1 1 t-Allel trugen, schneller auf die Behandlung ansprachen, ebenso die Träger des MDR1 3 c-Alleles (Müller-Ahrend, unveröffentlicht). Als Erklärungsmöglichkeit bietet sich an, dass Träger dieser beiden Allele weniger P-glycoprotein produzieren und hierduch weniger Risperidon ausgeschieden wird.

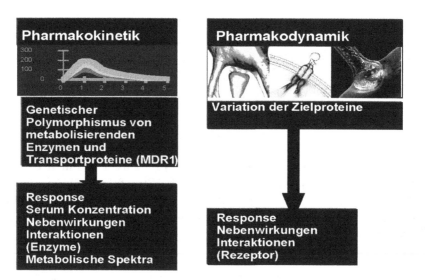

Abb. 1. Pharmakokinetische und pharmakodynamische Einflüsse auf Behandlungsresponse und Nebenwirkungen

Die Pharmakokinetik beschreibt den Stoffwechsel und die Verteilung von Arzneimitteln im Körper. Die pharmakokinetischen Vorgänge beruhen auf Absorption, Verteilung, Metabolismen sowie Ausscheiden des Arzneimittels. Diese vier grundlegenden Vorgänge bestimmen die Konzentration von Arzneimitteln zunächst im Blut.und danach an den verschiedenen Wirkorten z.B. Rezeptoren und Enzymen von Neurotransmittern. Entsprechend ihren physikalisch-chemischen Eigenschaften (Lipophylie) und dem Durchtritt durch die Blut-Hirn-Schranke finden sie ihren Wirkort im Gehirn. Der Metabolismus wird bestimmt von Abbauenzymen aus der Cytochrom P450 Familie, die hauptsächlich in der Leber vorkommen sowie in geringerem Maße im Gehirn. Diese Enzyme weisen zahlreiche genetische Varianten auf, die zu verschiedenen Enzymaktivitäten führen und zusätzlich beeinflusst werden durch Umweltfaktoren wie Ernährung, Rauchen und andere Medikamente. Derartige pharmakokinetische Vorgänge sind aufgrund individueller und ethnischer Varianten wichtige Faktoren für das therapeutische Ansprechen auf Arzneimittel.

Die Pharmakokinetik hängt wesentlich von den genetischen Varianten der metabolisierenden Enzyme, den P450 Cytochromen ab. Diese bestimmen die Höhe des Plasmaspiegels und ebenso das Spektrum der Metaboliten und sind damit verantwortlich für Wirkungen und Nebenwirkungen von Medikamenten. Außerdem kommt es auf dieser Ebene zu Interaktionen von Medikamenten, die sich gegenseitig beeinflussen.indem sie diese Enzyme entweder

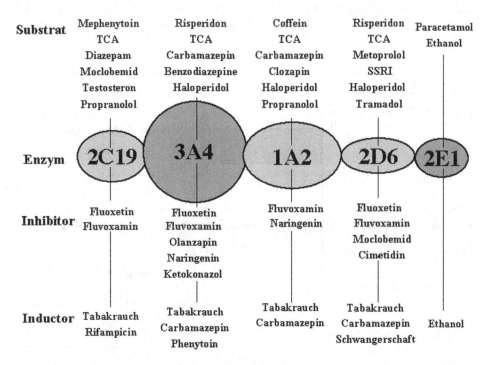

Abb. 2. Metabolisierende Enzyme und ihre Beeinflussung

kompetitiv hemmen oder ihre Aktivität induzieren. Als Beispiel kann die Hemmung des Cytochroms 2D6 durch das Antidepressivum Fluvoxamin oder die Induktion durch das Anticonvulsivum Carbamazepin genannt werden. Für den Stoffwechsel der Psychopharmaka sind verschiedene Cytochrome verantwortlich (Ma et al. 2002), insbesondere das Cytochrom 2C19, 3A4, 1A2, 2D6 (Abb. 2). So wird z.B. Haloperidol über 2D6, 3A4 und 1A2 metabolisiert. Insbesondere das Enzym 2D6 liegt in mehr als 12 verschiedenen genetischen Varianten, sog. Polymorphismen vor, die unterschiedliche enzymatische Aktivitäten zeigen. Hierdurch kommt es zu langsamen Metabolisierern, extensiven Metabolisierern und ultra rapid Metabolisierern. In einer Studie mit Haloperidol, das zum reduzierten Haloperidol zu einem Piperidin Metaboliten und zu HPP, einer möglicherweise neurotoxischen Substanz, abgebaut wird, konnten wir feststellen, dass Patienten mit dem Allel CYP2D6*4, welches bei ca. 10% der weißen Bevölkerung auftritt und einen langsamen Metabolismus determiniert, einen höheren Plasmaspiegel von Haloperidol und dem reduzierten Haloperidol aufwiesen. Gleichzeitig wurde bei diesen Patienten eine schlechtere Therapie-Response und mehr Nebenwirkungen beobachtet. Über CYP3A4 wird hierdurch vermehrt der neurotoxische Metabolit Haloperidol Pyridinium$^+$ (HPP$^+$) (Usuki et al. 1996, Kalgutkar et al. 2003) gebildet, der Ähnlichkeit mit 1Methyl-4-phenyl-1,2,3,6 Tetrahydropyridinium (MPTP) aufweist, welches Parkison-ähnliche Symptome bei Heroinabhängigen (frozen addicts) hervorgerufen hat (Halliday et al. 1999). Dies spielt wahrscheinlich eine Rolle für unerwünschte Nebenwirkungen in Form von extrapyramidalmotorischen Störungen. Theoretisch ergibt sich die Möglichkeit, CYP3A4 durch den Inaltsstoff von Grapefruit, dem Naringin zu hemmen und damit das

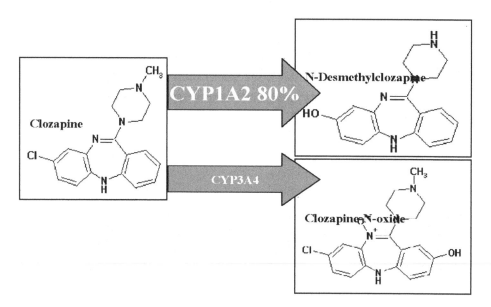

Abb. 3. Metabolische Hauptwege von Clozapin

Auftreten dieser Nebenwirkungen zu verhindern. Auch das neue atypische Antipsychotikum Risperidon wird vom Cytochrom CYP2D6 metabolisiert. Homozygote Patienten für das CYP2D6*4 Allel, also den slow metabolizern, weisen höhere Plasmaspiegel auf. Weiterhin wurden bei schizophrenen Patienten, die heterozygot für das Cytochrom 2C192A waren, weniger Nebenwirkungen festgestellt. Auch das Cytochrom 1A2/1F scheint eine Rolle zu spielen. Hier konnte eine schlechtere Therapie-Response hinsichtlich der Negativsymptomatik, gemessen mit der PANSS-Skala bei homozygoten CYP1A2/1F Allel-Trägern, gemessen werden. Pharmakogenetische Aspekte sind auch für die Höhe der Plasmaspiegel anderer Medikamente, z.B. Amisulprid, verantwortlich. Bei gleicher Dosierung können bis zu 10-fache Unterschiede des Amisulpridplasmaspiegels gemessen werden. Die gleichen Resultate fanden wir auch für das atypische Antipsychotikum Clozapin. Bei diesem Medikament entstehen hierdurch andere Konzentrationen von Metaboliten, die pharmakologisch aktiv sind und damit auch das Wirkspektrum verändern (Davies et al. 2004) (Abb. 3).

Zu niedrige und zu hohe Plasmaspiegel reduzieren die Therapie-Response und sind bei hohen Plasmaspiegeln der Grund für viele Nebenwirkungen (Dose et al. 2000).

Pharmakodynamische Aspekte: Therapeutische Wirkung als Funktion von Varianten der Neurotransmitter Rezeptoren

Pharmakodynamische Effekte beschreiben die Art und Weise wie psychopharmakologische Wirkstoffe auf Neurone und ihre Proteine einwirken: Transporter von Rezeptoren, Enzyme, die in agonistischer oder antagonistischer Weise beeinflusst werden. Diverse ethnische und individuelle Unterschiede spielen in dieser Hinsicht ebenfalls eine Rolle. Die Pharmakogenetik beschäftigt sich mit denjenigen genetischen Faktoren, die letztendlich die individuelle Response auf Arzneimittel bestimmen.

Die Wirkung von klassischen und auch atypischen Neuroleptika beruht zum großen Teil auf einer Blockade dopaminerger Rezeptoren im nigrostriären und im mesolimbischen Dopaminsystem. Wir unterscheiden 5 verschiedene Dopaminrezeptoren: D1–D5. D1 und D5 stimulieren die Adenylatcylase, während D2, D3 und D4 die Adenylatcyklase hemmen (Seeman et al. 1994). Am wesentlichsten für die antipsychotische Wirkung ist die Hemmung des Dopamin2-Rezeptors, die alle Antipsychotika in mehr oder weniger ausgeprägtem Maße hervorrufen. Clozapin wirkt im Vergleich zu Haloperidol relativ stärker auf den Dopamin4-Rezeptor (van Tol et al. 1992). Das o-substituierte Benzamid Amisulprid wirkt relativ stärker auf den Dopamin3-Rezeptor. Zusätzlich werden noch andere Rezeptoren, wie die von Serotonin und Noradrenalin blockiert, die ebenfalls zur Wirkung und zu den Nebenwirkungen der Antipsychotika beitragen. Eine große Bedeutung für das Ansprechen auf die Therapie scheinen die verschiedenen genetischen Varianten der Dopaminrezeptoren zu besitzen. Der Dopamin3-Rezeptor liegt in zwei verschiedenen Variationen vor (Griffon et al. 1996). Nach unseren ebenso wie nach anderen

Untersuchungen wirken atypische Antipsychotika besser bei Vorliegen eines Allels mit einem BAL1-Polymorphismus im Exon I. Klassische Antipsychotika wie Haloperidol sind bei Vorliegen dieses Allels weniger wirksam. Die Wirkung eines einzelnen Allels trägt jedoch nur einen Teil zur Varianz bei. In einer weiteren Untersuchung von Arranz et al. im Jahre 2000 wurde gezeigt, dass zusätzlich der 5HD2A-Rezeptor, der 5HD2C-Rezeptor, der Histamin-H2R-Rezeptor und der Serotonin-Transporter 5HTT2PR eine Bedeutung haben. Die Kombination der verschiedenen Polymorphismen erlaubte eine Vorhersage des Behandlungserfolgs zu 77% und weist hierdurch auf künftige Behandlungsmöglichkeiten hin (Arranz et al. 2001). Diese Befunde zeigen, dass das Zusammenspiel von verschiedenen genetischen Varianten die Wirkung eines Medikamentes bestimmt und damit für Response oder Non-Response verantwortlich ist.

Vorhersage von unerwünschten Wirkungen

Trotz der klaren Vorteile der neueren antipsychotischen Therapien, ist die Verschreibung dieser Substanzen duch das Auftreten von Nebenwirkungen limitiert. Während klassische Neuroleptika in erster Linie extrapyramidalmotorische Störungen hervorrufen, führt die Behandlung mit den neuen atypischen Antipsychotika zu einer Reihe von unterschiedlichen Nebenwirkungen (Tabelle 2), die beim einzelnen Patienten zu berücksichtigen sind. Genetische Faktoren prädisponieren zu diesen Nebenwirkungen.

Varianten der metabolischen Enzyme CYP2D6 (Kapitany et al.1998, Scordo et al. 2000) und CYP1A2 (Basile et al. 2000) wurden im Zusammenhang mit extapyramidalmotorischen Störungen beschrieben. Ebenso ein Allel des D3-Rezeptors, welches mit Akathisie (Eichhammer et al. 2000) und in verschiedenen Studien mit Spätdyskinesien assoziiert war (Lerer et al. 2002). Verschiedene Versuche wurden unternommen, um Gewichtszunahme bzw. metabolische Störungen aufzuklären. Es ergaben sich bis jetzt nur leichte Hinweise auf eine Beteiligung von alpha-adrenergen bzw Serotonin 2C Rezeptoren (Basile et al. 2001).

Als weiteres Beispiel kann die Clozapin induzierte Agranulozytose genannt werden. Varianten des major histocompatibilitäts Komplexes Genes, der heat shock protein gene und des Tumor necrosis Faktor Genes scheinen beteiligt zu sein (Turbay et al. 1997, Reznik et al. 2000).

Untersuchungen dieser Art befinden sich gegenwärtig noch in den Anfängen. Da jedoch die Gene, welche durch das Auftreten der verschiedenen

Tabelle 2. Hauptsächliche Nebenwirkungen von antipsychotischer Medikation

EPS	Agranulozytose
Änderungen im Metabolimus	Anticholinerge Effekte
Verlängerung der QTc	Sedierung
Vergrößertes Anfallsrisiko	Hohe Prolactin Niveaus

Nebenwirkungen wie Diabetes oder QT Verlängerungen bekannt sind, ist damit zu rechnen, dass bald entsprechende Ergebnisse vorliegen werden.

Zukunftsperspektiven

Eine künftige psychopharmakologische Behandlung wird sich zunehmend an einer individualisierten Therapie orientieren. Ausgehend von Subgruppen von Patienten und unter stärkerer Berücksichtigung der Symptomatologie anstelle der Nosologie, muss die Heterogenität der schizophrenen Erkrankungen mit unterschiedlichen Pathopysiologien berücksichtigt werden. Neue molekulargenetische Ergebnisse werden in zunehmenden Maße Gene identifizieren, die auch Ansatzpunkte für neue Therapien eröffnen, Beispiele hierfür sind das Dysbindin und Neurogenin Gen, welche beide in mehreren Studien mit Genomscans gefunden wurden. Auch mit Hilfe von Methoden, die eine Vielzahl von abnormen Proteinen (Stichwort Proteomics) identifizieren können, ergeben sich Ansatzpunkte für neue Therapien. An post mortem Gehirnen von Suizidopfern konnte unsere Arbeitsgruppe zwei Proteine identifizieren (GFAC und SODS), die zuvor nicht als abnorm bekannt waren (Schlicht et al. 2005). Auch der exakte unterschiedliche Wirkmechanismus der verschiedenen Psychopharmaka kann mit Hilfe von Genexpressionsstudien genauer aufgeklärt werden und damit die Medikamente zielgerichteter eingesetzt werden. Mit Hilfe der Chip-Technologie wird es in Zukunft möglich sein, die individuellen Genvarianten, die für therapeutische Wirkung und Nebenwirkungen prädisponieren, schon vor der Behandlung zu erfassen und damit eine individuelle maßgeschneiderte Therapie durchzuführen.

Literatur

Arranz M et al (2001) Pharmacogenetics for the individualization of psychiatric treatment. Am J Pharmacogenom 1 (1): 3–10

Basile VS et al (2000) A functional polymorphism of the cytochrome P450 1A2 (CYP1A2) gene: association with tardive dyskinesia in schizophrenia. Mol Psychiatry 5: 410–417

Basile VS et al (2001) Genetic association of atypical antipsychotic-induced weight gain. Novel preliminary data on the pharmacogenetic puzzle. J Clin Psychol 62: 45–66

Boulton DW et al (2002) In vitro P-glycoprotein affinity for atypical and conventional antipsychoticset al. Life Sci 71 (2): 163–169

Davies MA et al (2004) The highly efficacious actions of N-desmethylclozapine at muscarinic receptors are unique and not a common property of either typical or atypical antipsychotic drzgs: is M(1) agonism a pre-requisite for mimicking clozapine's actions? Psychopharmacol 178 (4): 451–460

Dose M (2000) Recognition and management of acute neuroleptic-induced extrapyramidal motor and mental syndromes. Pharmacopsychiatry 33 [Suppl 1]: 3–13

Eichhammer P et al (2000) Association of dopamine D3-receptor gene variants with neuroleptic induced akathasia in schizophrenic patients: a generalization of Steen's study on DRD3 and tardive dyskinesia. Am J Med Genet 96: 187–191

Griffon N et al (1996) Dopamine D3 receptor gene: organization, transcript variants, and polymorphism associated with schizophrenia. Am J Med Genet 67: 63

Halliday G et al (1999) Clinical and neuropathological abnormalities in baboons treated with HPTP, the tetrahydropyridine analog of haloperidol. Exp Neurol 158: 155–163

Hoffmeyer S et al (2000) Functional polymorphisms of the human multidrug-resistance gene: multiple sequence variations and correlation of one allele with P-glycoprotein expression and activity in vivo. Proc Natl Acad Sci USA 97 (7): 3473–3478

Kalgutkar A et al (2003) Assessment of the contributions of CYP3A4 and CYP3A5 in the metabolism of the antipsychotic agent haloperidol to its potentially neurotoxic pyridinium metabolite and effect of antidepressants on the bioacitivation pathway. Drug Metab Dispos 31: 243–249

Kapitany T et al (1998) Genetic polymorphisms for drug metabolism (CYP2D6) and tardive dyskinesia in schizophrenia. Mol Psychiatry 3: 337–341

Lerer B et al (2002) Pharmacogenetics of tardive dyskinesia: combined analysis of 780 patients supports association with dopamine D3-receptor gene Ser9Gly polymorphism. Neuropsychopharmacology 27: 105–119

Ma M et al (2002) Genetic basis of drug metabolism. Am J Health Syst Pharm 59 (21): 2061–2069

Reznik I et al (2000) Genetic factors in clozapine-induced agranulocytosis. Isr Med Assoc J 2: 857–858

Schlicht K et al (2005) Comparative proteomic analysis with postmortem prefrontal cortex tissues of suicide victims versus controls. Biol Psych (submitted)

Scordo MG et al (2000) CYP2D6 genotype and antipsychotic-induced extrapyramidal side effects in schizophrenic patients. Eur J Clin Pharmacol 56: 679–83

Seeman P et al (1994) Dopamine receptor pharmacology. TIPS 15: 264–270

Silverman JA et al (1999) Multidrug-resistance transporters. Pharm Biotechnol 12: 353–368

Stahl S (2002) Essential psychopharmacology, neuroscientific basis and practical applications. Cambridge University Press, Cambridge

Turbay D et al (1997) Tumor necrosis factor constellation polymorphism and clozapine-induced agranulocytosis in two different ethnic group. Blood 89: 4167–4174

Usuki E et al (1996) Studies on the conversion of haloperidol and its tetrahydropyridine dehydration product to potentially neurotoxic pyridinium metabolites by human liver microsomes. Chem Res Toxicol 9 (4): 800–806

van Tol H et al (1992) Multiple dopamine D4 receptor variants in the human population. Nature 358: 149– 152

Korrespondenz: Prof. M. Ackenheil, Psychiatrische Klinik, Ludwig-Maximilians-Universität, Nußbaumstraße 7, 80336 München, Bundesrepublik Deutschland, e-mail: manfred. ackenheil@med.uni-muenchen.de

Aktuelle Aspekte der Langzeittherapie bei Schizophrenie[*]

W. Gaebel und M. Riesbeck

Klinik und Poliklinik für Psychiatrie und Psychotherapie, Heinrich-Heine-Universität Düsseldorf – Rheinische Kliniken Düsseldorf, Bundesrepublik Deutschland

Einleitung

Nach erfolgreicher Akutbehandlung einer schizophrenen Episode mit Remission der (Positiv-) Symptomatik zielt die anschließende Langzeitbehandlung auf eine weitere Stabilisierung des Patienten sowie eine Prävention erneuter Symptomexazerbationen. Hierfür sind in den letzten Jahrzehnten eine Reihe effektiver Therapiestrategien entstanden, die von Fachgesellschaften und Expertenrunden systematisiert und zu Behandlungsleitlinien zusammengefasst wurden. Auf der Basis ausgewählter, teilweise bereits aktualisierter Leitlinien, neuer empirischer Befunde sowie Ergebnissen aus einem laufenden Forschungsprojekt zur Optimierung der Langzeitbehandlung ersterkrankter schizophrener Patienten im Rahmen des Kompetenznetzes Schizophrenie (KNS; Wölwer et al. 2003) werden aktuelle Aspekte der (neuroleptischen) Langzeitbehandlung dargestellt. Die Auswahl der Leitlinien orientierte sich an den Ergebnissen eines weiteren KNS-Projektes, das in Kooperation mit der WPA und der WHO 24 Leitlinien zur Behandlung von Schizophrenie aus 22 Ländern verglich (Gaebel et al. Im Druck). Dabei erwiesen sich die Behandlungsleitlinien der „American Psychiatric Association" (APA; Lehmann et al. 2004), des britischen „National Institute of Clinical Excellence" (NICE 2002) sowie des „Royal Australian and New Zealand College of Psychiatrists" (RANZCP; McGorry et al. 2003) als die drei Behandlungsleitlinien mit der höchsten (methodischen) Qualität, aus denen die relevanten (Kern-)Aussagen zur Langzeitbehandlung zusammengefasst werden.

Die Darstellung ist gegliedert entsprechend den zentralen Entscheidungsdimensionen Substanzwahl (typische vs. atypische Neuroleptika), Dosis, Applikationsform und indizierte Dauer der (neuroleptischen) Langzeitbehand-

---

[*] Diese Publikation wurde im Rahmen des Kompetenznetzes Schizophrenie erstellt und vom Bundesministerium für Bildung und Forschung (BMBF) gefördert (Kennzeichen: 01 GI 0232)

lung. Sofern sinnvoll, wird dabei zwischen der Gruppe der Patienten mit schizophrenen Erstmanifestationen und Mehrfacherkrankten unterschieden. Es sei hier explizit darauf hingewiesen, dass ausgehend von dem Vulnerabilitäts-Stress-Coping-Modell der (Langzeit-) Behandlung der Schizophrenie eine multidimensionale Behandlungsstrategie mit biologischen und psycho-sozialen Elementen angemessen ist, eine entsprechend umfassende Darstellung jedoch über den hier gegebenen Rahmen hinausgehen würde.

Substanzwahl

Neben den „typischen" Neuroleptika der „ersten" Generation sind in den letzten Jahrzehnten eine Reihe neuer Antipsychotika entwickelt worden, die sich durch ein günstigeres Wirkungs-Nebenwirkungsprofil auszeichnen, weshalb sie oftmals unter dem Begriff „Atypika" subsumiert werden. Charakteristisch ist ihnen u.a. eine bessere Wirkung auf Negativsymptome bei reduzierten extrapyramidalen Nebenwirkungen, was zu einer verbesserten Compliance beiträgt. Bei mehrfacherkrankten Patienten wurde deren rezidivprophylaktische Überlegenheit verschiedentlich nachgewiesen (z.B. Csernansky et al. 2002) und wird in Metaanalysen auf etwa 8% geschätzt (Leucht et al. 2003a). Allerdings gilt zu berücksichtigen, dass bei diesem Vergleich die typischen Neuroleptika meist in einer höheren Dosierung verabreicht wurden als die Atypika. Entsprechende metaanalytische Vergleiche von Studien mit niedrig dosierten typischen Neuroleptika und dosisäquivalenten Atypika ergaben keine Unterschiede in der Symptomreduktion und Akzeptanz (Geddes et al. 2000) bzw. in dem Ausmaß extrapyramidaler Nebenwirkungen (Leucht et al. 2003b). Andere Autoren (Davis et al. 2003) konnten dagegen nach Unterscheidung zwischen „weniger effektiven" und „hoch-effektiven" (Clozapin, Amisulprid, Risperidon, Olanzapin) Antipsychotika der zweiten Generation weiterhin eine Überlegenheit der („hoch effektiven") Atypika auch im Vergleich mit Typika im Niedrigdosisbereich nachweisen. In Bezug auf die Atypika werden zudem neuerdings die unerwünschten Wirkungen hinsichtlich Gewichtszunahme und metabolischer Effekte (Induktion von Typ II Diabetes, erhöhte Lipidwerte) kritisch diskutiert mit ihrem Risikopotenzial für kardiovaskuläre Erkrankungen.

Für ersterkrankte Patienten wird die rezidivprophylaktische Überlegenheit atypischer gegenüber (niedrigdosierten) typischen Antipsychotika ebenfalls angenommen, bis dato liegt hierfür jedoch lediglich ein empirischer Befund vor. Schooler et al. (2003) berichten signifikant geringere Rückfallraten unter Risperidon im Vergleich zu (niedrigdosiertem) Haloperidol auch bei „recent onset schizophrenia patients". Dagegen lässt die Rückfallrate von 0% einer laufenden Studie unter (weiterhin verblindeter) atypischer und niedrigdosierter typischer Medikation 6 Monate vor Abschluss keine Unterschiede zwischen den beider Antipsychotika erwarten (Gaebel et al. 2004, s.u.)

Die Leitlinienempfehlungen zur Substanzwahl fallen relativ eindeutig aus. Zunächst soll in der Langzeitbehandlung diejenige Substanz weiter verabreicht werden, mit der eine Remission der (Positiv-) Symptomatik im Rahmen der Akutbehandlung erreicht werden konnte. In der generellen Diskussion zur Überlegenheit atypischer vs. typischer Substanzen gibt die Leitlinie der APA zwar noch zu bedenken, dass der Sachverhalt weiterhin Gegenstand intensiver Forschung ist, empfiehlt jedoch wie die RANZCP- und NICE-Leitlinie die atypischen Antipsychotika als erste Behandlungsoption. Die Anwendung von Neuroleptika der ersten Generation sollte in erster Linie begrenzt sein auf eine Unverträglichkeit oder ein Nicht-Ansprechen auf (mindestens 2 verschiedene) Atypika, bereits erfolgreiche Behandlung (ohne stärkere Nebenwirkungen) mit einem typischen Neuroleptikum bei früheren Exazerbationen oder auf Wunsch des Patienten (nach eingehender Diskussion der Vor- und Nachteile). Für ersterkrankte schizophrene Patienten empfehlen die australisch-neuseeländische sowie die britische Leitlinie dezidiert atypische Antipsychotika, auch wenn die Befundlage hierfür noch unzureichend ist (vgl. Rummel et al. 2003).

Dosis

Während für die neuroleptische Behandlung in der Akutphase Dosisempfehlungen auf einer relativ breiten empirischen Basis stehen und substanzspezifische Dosierungsangaben vorliegen, gibt es für die Langzeitbehandlung nur allgemeinere Leitlinien. Nach Abklingen der akuten Symptomatik empfehlen alle drei Leitlinien die medikamentöse Behandlung mit der „minimal effektiven Dosis" fortzusetzen, um eine weitere Stabilisierung zu erreichen und Rückfälle zu verhindern. Für typische Neuroleptika wird für die meisten Patienten eine Dosis um die sogenannte „EPS-Schwelle" empfohlen, bei der ein antipsychotischer Effekt gegeben ist, mit keinen oder nur sehr geringfügigen extrapyramidalen Nebenwirkungen. Neben den günstigen Auswirkungen auf die Lebensqualität und das Funktionsniveau wird dabei insbesondere auch die compliancefördernde Wirkung hervorgehoben. Bei Antipsychotika der zweiten Generation liegt die minimal effektive Dosis auf Grund ihrer besseren (atypischen) Wirkungs-Nebenwirkungs-Relation (deutlich) unterhalb der EPS-Schwelle. Hier wird jeweils eine Dosis im unteren Bereich der Standarddosierung empfohlen.

Bei ersterkrankten Patienten wird generell eine niedrigere Dosierung empfohlen, da sie einerseits responsiver sind hinsichtlich der antipsychotischen Wirkung, allerdings auch empfindlicher bezüglich der (extrapyramidalen) Nebenwirkungen (vgl. z.B. Liberman et al. 2003).

Applikationsform

Einen weiteren Entscheidungsparameter in der Langzeitbehandlung stellt die Art der Verabreichung der Antipsychotika dar. Generell wird die orale Behandlung präferiert, weil sie flexiblere Dosierungsmöglichkeiten zulässt und dem Patienten größere Eigenverantwortlichkeit und Selbstbestimmung im Umgang mit seiner Erkrankung zuweist. Gerade in der Langzeitbehandlung stellt jedoch die oftmals eingeschränkte Medikamentencompliance der Patienten ein Problem dar, die unter ambulanten Bedingungen bis zu 50% beträgt. Die Gründe sind vielfältig und umfassen inadäquate Krankheits- und Behandlungsvorstellungen, nicht akzeptierte Nebenwirkungen, ein zu kompliziertes Behandlungsregime sowie mangelnde familiäre Unterstützung. Entsprechend gilt es, Nebenwirkungen möglichst gering zu halten und compliancefördernde therapeutische Interventionen und Psychoedukation in die Behandlung einzubeziehen. Eine Alternative stellt die (intramuskuläre) Medikamentenapplikation in Form von Depotneuroleptika dar. Von Vorteil sind eine auf Grund der besseren Bioverfügbarkeit (Wegfall des First-pass Effekts!) geringere Dosierung, die Notwendigkeit eines regelmäßigen Behandlerkontaktes sowie die sofortige Identifikation eines Behandlungsabbruches. In Metaanalysen war ihr antipsychotischer und rezidivprophylaktischer Effekt eindeutig nachzuweisen, eine Überlegenheit gegenüber oralen Neuroleptika nur geringfügig (globale Veränderung) oder nicht gegeben (Rückfallprophylaxe, Nebenwirkungen; Adams et al. 2001). Allerdings sind in den berücksichtigten Studien Patienten mit Complianceproblemen zumeist unterrepräsentiert.

Mittlerweile liegt ebenfalls ein Depotpräparat des atypischen Antipsychotikums Risperidon vor, das sich in ersten Studien als effektiv und sicher, dem oralen Präparat jedoch als nicht überlegen erwiesen hat (Kane 2003). Auch unter der atypischen Depotmedikation werden Abbruchquoten zwischen 36 und über 50% berichtet.

Die drei ausgewählten Leitlinien empfehlen ebenfalls eine orale Applikation und Depotpräparate nur im Falle von erhöhter Rückfallneigung auf Grund von Non-Compliance oder auch Non-Response (RANZCP) sowie bei Präferenz des Patienten. Bei der australisch-neuseeländischen Fachgesellschaft erhält die Depottherapie den Status einer letzten Therapieoption („last resort only") unter anderem auf Grund eingeschränkter Tolerabilität der (extrapyramidalen) Nebenwirkungen (der typischen Depotpräparate) sowie einer damit verbundenen Stigmatisierungsgefahr der Patienten. Mit der Einführung atypischer Depotpräparate wird die Hoffnung auf eine Verbesserung der Depotbehandlung verbunden. Allerdings fehlen bisher Vergleichsstudien zwischen typischer und atypischer Depotbehandlung.

Indizierte Dauer der Erhaltungstherapie und alternative Langzeitbehandlungsstrategien

Die rezidivprophylaktische Effektivität der Erhaltungstherapie gilt als gesichert: berichtet werden Rückfallraten von 19% (unter Neuroleptika) vs. 55% (unter Plazebo) nach 6-monatiger Behandlung (Davis et al. 1980), von 31% vs. 68% nach dem ersten Behandlungsjahr (Hogarty und Goldberg 1973) und von 48% vs. 80% nach dem zweiten Behandlungsjahr (Hogarty et al. 1974). Absetzstudien mehrjährig unter Neuroleptika rezidivfrei gebliebener Patienten zeigen, dass auch nach dem fünften Behandlungsjahr noch Rezidivquoten von über 60% auftreten (Cheung 1981, Hogarty et al. 1976).

Bei ersterkrankten Patienten variieren die Einjahresrückfallraten unter (typischer) neuroleptischer Behandlung zwischen 0% und 26% (Kane et al.

1982, Hogarty und Ulrich 1998, Crow et al. 1986) während diese bei Placebo-behandlung zwischen 41% und 55% liegen (Johnson 1979, Crow et al. 1986). Trotz deutlich erhöhtem Risiko einer Symptomreexazerbation bei Absetzen der neuroleptischen Behandlung (Gitlin et al. 2001), das nach Robinson et al. (1999) um nahezu das 5-fache ansteigt, stellt sich die Frage, wie lange die Dauer- oder Erhaltungstherapie fortgesetzt werden soll. Die Patienten fühlen sich oftmals in ihrer Lebensqualität eingeschränkt und drängen auf eine Beendigung der neuroleptischen Behandlung.

Um einerseits dem Wunsch der Patienten Rechnung zu tragen, andererseits nicht vollständig auf den neuroleptischen Schutz zu verzichten, wurde Anfang der 80er Jahre auf der Basis des Vulnerabilitäts-Stress-Coping-Modells die so genannte Intervalltherapie entwickelt: nach Absetzen der Medikation wird bei Prodromen oder frühen Anzeichen eines Rezidivs die neuroleptische Behandlung im Sinne einer Frühintervention wieder aufgenommen und bei erfolgter Stabilisierung wieder abgesetzt. Generell hat sich die Erhaltungsthe-rapie der Intervalltherapie hinsichtlich der Rückfallprophylaxe als überlegen erwiesen (vgl. Kane 1996), allerdings sprechen Befunde einer post-hoc Analyse dafür, dass dies v.a. für Mehrfacherkrankte, weniger jedoch für Ersterkrankte zutrifft (Gaebel et al. 2002). Zudem wurden die Intervalltherapiestrategien ausdifferenziert, so z.B. die Kombination von (oraler oder Depot-) Erhaltungs-therapie im Niedrigstdosisbereich kombiniert mit prodromgestützter Früh-intervention, die neben Neuroleptika auch Benzodiazepine (vgl. Carpenter et al. 1999) und psycho-soziale Frühinterventionsmaßnahmen umfasst. So konnten Herz et al. (2000) zeigen, dass ihr „program on relapse prevention" (Erhaltungsmedikation + prodromgestützte medikamentöse Frühintervention + Psychotherapie) der Routinebehandlung (Erhaltungsmedikation + Psycho-edukation) hinsichtlich der rezidivprophylaktischen Wirksamkeit signifikant überlegen ist.

Zu berücksichtigen sind in diesem Zusammenhang ferner tierexperimen-telle und klinische Befunde, wonach unter einer intermittierenden Behand-lung Bewegungsstörungen möglicherweise gehäuft auftreten können (Glent-hoj et al. 1990, Jeste et al. 1990). Tierexperimentelle Befunde zeigen auch, dass tägliche Neuroleptikagabe zur Toleranzsteigerung in Striatum und Nu-cleus accumbens, wöchentliche Gabe hingegen zur Sensitivierung in Striatum, posteriorem Tuberculum olfactorium und ventralem Tegmentum führen (Csernansky et al. 1990). Unklar ist allerdings, inwieweit diese Effekte mit klinischer Response bzw. erhöhter motorischer Nebenwirkungsinzidenz asso-ziiert sind.

Die APA weist in ihren Leitlinienempfehlungen darauf hin, dass es keine verlässlichen Prädiktoren für besonders oder weniger rückfallgefährdete Personen gibt und empfiehlt generell eine Erhaltungstherapie im Niedrig-dosisbereich von mindestens einem Jahr, NICE von 1–2 Jahren und RANZCP für Ersterkrankte von einem Jahr. Für Patienten mit „multiplen" Rückfällen oder 2 Episoden innerhalb von 5 Jahren wird eine indefinite Erhaltungs-therapie empfohlen (APA). Im Falle eines Absetzens der neuroleptischen Medikation, soll dies über einen längeren Zeitraum und graduell gesche-hen.

Die amerikanische Fachgesellschaft nennt die prodromgestützte Intervalltherapie als (nach Beendigung der Erhaltungstherapie) alternative Therapie-
strategie, deren Vor- und Nachteile (v.a. erhöhte Rückfallgefahr) mit dem
Patienten ausführlich zu diskutieren sind, um dann die Fortführung der Behandlung in einem gemeinsamen Entscheidungsprozess zu gestalten. NICE
betont ebenfalls, die Patienten in den Entscheidungsprozess miteinzubezie-
hen, empfiehlt jedoch die Intervalltherapie nicht routinemäßig einzusetzen,
sondern nur bei Patienten, die eine Erhaltungstherapie ablehnen oder bei
denen eine sonstige Kontraindikation besteht. Alle drei Leitlinien betonen
darüber hinaus bei Erhaltungstherapie, Medikamentenfreiheit sowie insbesondere bei Intervalltherapie auf frühe Anzeichen eines möglichen Rückfalles
zu achten, um dann notwendige Gegenmaßnahmen einzuleiten.

Erste Ergebnisse der „Ersterkrankten-Langzeitstudie" im Kompetenznetz Schizophrenie

Die multizentrische klinische Studie zur Optimierung der Langzeitbehandlung bei Patienten mit schizophrenen Ersterkrankungen hat das Ziel, empiri-
sche Daten zur Klärung weiterhin offener Fragen beizusteuern: Sind atypische
Neuroleptika auch in der Langzeitbehandlung ersterkrankter Patienten niedrigdosierten typischen Neuroleptika überlegen? Kann nach einem Jahr Erhaltungstherapie zur intermittierenden Behandlung mit prodromgestützter
Frühintervention übergegangen werden? Sind Prodrome hierfür als valide
Rückfallprädiktoren zur Interventionssteuerung geeignet? Gibt es weitere
(biologische) Faktoren im Vorfeld der Entwicklung von Rezidiven, die zur
Rückfallvorhersage oder -vermeidung herangezogen werden können? Dementsprechend wird die randomisierte doppelblind verabreichte neuroleptische Behandlung der „Akutstudie" von Haloperidol bzw. Risperidon während
des 1. Behandlungsjahres im Niedrigdosisbereich (möglichst zwischen 2 und
4 mg) fortgeführt (s. Abb. 1; ausführliche Darstellung des Studiendesigns s.
Gaebel et al. 2004). Zu Beginn des 2. Behandlungsjahres werden die (bis dahin
stabil gebliebenen) Patienten erneut randomisiert zu fortgeführter Erhaltungstherapie vs. schrittweisem Absetzen des Neuroleptikums, in beiden Fällen ergänzt durch medikamentöse Frühintervention (Neuroleptikum oder
Benzodiazepin; randomisiertes doppelblindes Design). Die Frühintervention
wird dabei gesteuert durch einen im Vorfeld auf der Basis empirischer Analysen entwickelten Frühinterventionsalgorithmus, der neben den eher krank-
heitsunspezifischen Prodromalsymptomen auch andere klinisch relevante
Parameter (leichte Positivsymptomatik, deutliche Verschlechterung im Funktionsniveau, Rezidivrisikoeinschätzung des behandelnden Arztes; s. Gaebel
et al. 2003) in die Entscheidung miteinbezieht.
    Ergänzt werden die pharmakotherapeutischen Behandlungsstrategien
durch assoziierte Projekte, in denen für die Rezidiventwicklung relevante
biologische Faktoren erfasst werden (hirnmorphologische und -funktionelle
Indikatoren, neurophysiologische Vulnerabilitätsindikatoren) sowie die rück-
fallprophylaktische Effektivität psychotherapeutischer Interventionen unter-

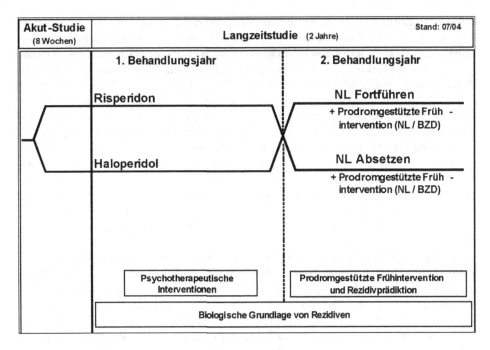

Abb. 1. Ersterkrankten-Studie im Kompetenznetz Schizophrenie: Studien-Design und kooperierende Projekte. *Bj.* Behandlungsjahr; *NL* Neuroleptika; *BZD* Benzodiazepine

sucht wird (Psychoedukation und Kognitive Verhaltenstherapie; vgl. Wölwer et al. 2003).

Während der Rekrutierungsphase von November 2000 bis Juli 2004 wurden insgesamt 1372 Patienten gescreent, von denen 159 in die Langzeitstudie eingeschlossen wurden (ausführliche Stichprobencharakterisierung s. Gaebel et al. 2004). Die bisherigen Ergebnisse sprechen für die (rezidivprophylaktische) Effektivität beider (bis Studienende 06/05 weiterhin verblindeten) Substanzen: unter der Studienmedikation war bis dato noch kein Rezidiv nach den vorab definierten Kriterien zu beobachten. Eine eingangs noch leicht vorhandene Positivsymptomatik sowie Negativsymptome besserten sich im Verlauf des ersten Behandlungsjahres deutlich (s. Abb. 2), das soziale Funktionsniveau nahm signifikant zu. Die für beide Substanzen äquivalente Dosis der Studienmedikation konnte im angestrebten Niedrigdosisbereich gehalten werden und nahm im Mittel stetig ab (eingangs 4,1 mg/d; 2,4 mg/d zum Ende des 1. Behandlungsjahres). Auch die mit verschiedenen Instrumenten erhobenen (extrapyramidalen) Nebenwirkungen bewegten sich im Durchschnitt auf sehr niedrigem Niveau (z.B. 1,4 auf der Simpson-Angus-Skala).

Der symptomatischen und soziointegrativen Effektivität auf der einen Seite steht eine hohe Drop-Out-Rate auf der anderen Seite gegenüber: über $^2/_3$ der Patienten hat die Behandlung im ersten Behandlungsjahr vorzeitig abgebrochen. Aussagen zu möglichen differenziellen Medikamenteneffekten können erst nach Entblindung gemacht werden. Beide Befunde verweisen jedoch insgesamt darauf, dass niedrigdosierte neuroleptische Langzeitbehandlung effektiv ist, dass es jedoch schwierig ist, (ersterkrankte) schizophrene Patienten in dieser effektiven Behandlung zu halten und dass demnach spezielle Behandlungsprogramme indiziert sind.

Im 2. Behandlungsjahr (Fortführen vs. Absetzen der Neuroleptika, jeweils ergänzt durch prodromgestützte Frühintervention) war bei 15% der bisher 59 Patienten nach einem Jahr Erhaltungstherapie ein Absetzen der Medikamente nicht indiziert, da sie selbst eine Fortführung der medikamentösen Therapie präferierten, die vorgesehenen Untersuchungskontakte zu unregelmäßig wahrnahmen oder noch nicht ausreichend stabilisiert waren (vgl. Abb. 3). Weitere 25% entschieden sich gegen die zufällig zugewiesene Behandlung. Dies spricht dafür, mehrere Therapieoptionen bereit zu halten, um auf die Erfordernisse und Bedürfnisse der Patienten angemessen reagieren zu können.

Hinsichtlich der Analysen zur rückfallprädiktiven Validität von (krankheitsspezifischen und -unspezifischen) Prodromen und anderen klinischen Parametern wurden auch „klinisch bedeutsame Verschlechterungen" unterhalb der vorab definierten Rezidivkriterien miteinbezogen, da Rezidive auch im weiteren Therapieverlauf sehr seltene Ereignisse blieben. Dabei konnte mit einem Summen-Score der unspezifischen Prodrome eine Sensitivität von ca.

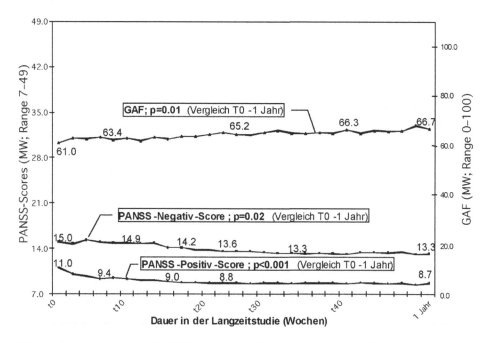

Abb. 2. Symptomverlauf (PANSS-Positiv- und Negativ-Score) und Funktionsniveau im 1. Behandlungsjahr (N = 115 Patienten mit eingegebenen Daten; LOCF-Analyse; Stand 11/04)

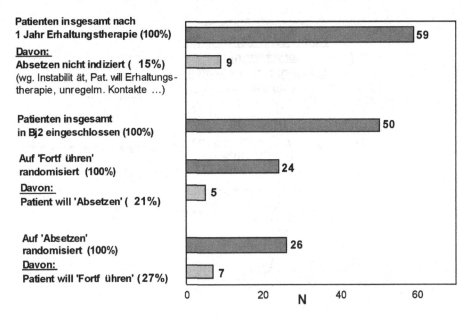

Abb. 3. Ersterkrankten-Langzeitstudie: Patienten im 2. Behandlungsjahr (Absetzen vs. Fortführen der neuroleptischen Behandlung; Stand 11/04)

85% erreicht werden, bei einer Spezifität von knapp 60%. Durch Kombination mit einem personenspezifischen Vulnerabilitäts-Score auf der Basis biologischen Verlaufsindikatoren konnte die rückfallprädiktive Validität weiter verbessert werden.

Zusammenfassung und Ausblick

Zusammenfassend kann festgehalten werden, dass zur Langzeitbehandlung der Schizophrenie ein breites Spektrum wirksamer Behandlungsmethoden und -strategien existiert, die überwiegend Eingang in Leitlinienempfehlungen gefunden haben. Spezifische Aspekte und Strategien der neuroleptischen Langzeitbehandlung (Substanzwahl, Dosierung, Applikationsform, Dauer etc.) bedürfen weiterer empirischer Absicherung, insbesondere in Bezug auf Patienten mit Ersterkrankungen. Non-Compliance und Drop-Out stellen Hauptprobleme der Langzeitbehandlung dar, vor allem in der Frühphase der Erkrankung und erfordern spezielle Behandlungs- und Interventionsprogramme. Neben der Erhaltungstherapie sind alternative Langzeitbehandlungsstrategien weiterzuentwickeln und zu evaluieren, die entsprechend den Vorstellungen und Bedürfnissen der Patienten in einem Gesamtbehandlungsplan Berücksichtigung finden („shared decision making").

Im Rahmen des Kompetenznetz Schizophrenie wird nach Ende der Langzeitstudie im Sommer 2005 auf der Basis der dann vorliegenden Ergebnisse, verfügbaren Leitlinienempfehlungen sowie anderen aktuellen Befunden und

Abb. 4. Kompetenznetz Schizophrenie: Transfer-Modul „Optimierung der Akut- und Langzeitbehandlung ersterkrankter schizophrener Patienten"

Veröffentlichung ein so genanntes Transfer-Modul zur Optimierung der Akut- und Langzeitbehandlung schizophrener Erstmanifestationen entwickelt werden. Ziel ist es, durch Transfer von Forschungsergebnissen in die Versorgungspraxis zu einer evidenzbasierten Behandlung Ersterkrankter beizutragen und somit die Versorgung nachhaltig zu verbessern. Initial wird dazu ein nationales Kompetenzzentrum zur Behandlung von Ersterkrankten konzipiert und etabliert (s. Abb. 4), das weitere Module entwickelt und durch Öffentlichkeitsarbeit, Fortbildungsmaßnahmen und Kooperation mit anderen Versorgungsinstitutionen verbreitet. Zum einen werden lokal oder regional agierende Behandlungszentren für Ersterkrankte konzipiert und aufgebaut, in denen besonders geschulte multiprofessionelle Teams durch Beratung, Behandlung und Fortbildung in enger Kooperation mit den Versorgungspartnern zur Verbesserung der Behandlung Ersterkrankter in dem jeweiligen Versorgungsgebiet beitragen sollen. Zum anderen entwickelt das Kompetenzzentrum Module zu den Kernbereichen der Akut- und Langzeitbehandlung (allgemeine Behandlungsleitlinien, Pharmakotherapie, Psychotherapie, Soziotherapie, Rehabilitation, besondere Behandlungsbedingungen wie Komorbidität und vor allem Non-Compliance), die in vielfältiger Art und Weise (papierbasiert, e-learning, Fortbildungscurricula) verbreitet werden. Durch diese Maßnahmen sollen aktuelle und bereits gesicherte Aspekte der (Akut- und) Langzeitbehandlung der Schizophrenie in die Versorgungspraxis implementiert werden und zur Verbesserung der Versorgungsqualität (ersterkrankter) schizophrener Patienten beitragen.

Literatur

Adams CE, Fenton MKP, Quraishi S, David AS (2001) Systematic meta-review of depot antipsychotic drugs for people with schizophrenia. Br J Psychiatry 179: 290–299

Carpenter WT, Buchanan RW, Kirkpatrick B, Breier AF (1999) Diazepam treatment of early signs of exacerbation in schizophrenia. Am J Psychiatry 156: 299–303

Cheung HK (1981) Schizophrenics fully remitted on neuroleptics for three-five years: to stop or continue drugs? Br J Psychiatry 138: 490–494

Crow TJ, MacMillan JF, Johnson AL, Johnstone EC (1986) A randomised controlled trial of prophylactic neuroleptic treatment. Br J Psychiatry 148: 120–127

Csernansky, JG, Bellows, EP, Barnes, DE, Lombrozo, L (1990) Sensitization versus tolerance to the dopamine turnover-elevating effects of haloperidol: the effect of regular/intermittent dosing. Psychopharmacology 101: 519–524

Csernansky JG, Mahmoud R, Brenner R (2002) A comparison of risperidone and haloperidol for the prevention of relapse in patients with schizophrenia. N Engl J Med 346: 16–22

Davis JM, Chen N, Glick ID (2003) A meta-analysis of the efficacy of second-generation antipsychotics. Arch Gen Psychiatry 60: 553–564

Davis J, Schaffer C, Killian G, Chan C (1980) Important issues in the drug treatment of schizophrenia. Schizophr Bull 6: 70–87

Gaebel W, Janssen B, Riesbeck M (2003) Modern treatment concepts in schizophrenia. Pharmacopsychiatry 36 [Suppl 3]: 168–175

Gaebel W, Möller H-J, Buchkremer G, Ohmann C, Riesbeck M, Wölwer W, von Wilmsdorff W, Bottlender R, Klingberg S (2004) Pharmacological long-term treatment strategies in first episode schizophrenia. Study design and preliminary results of an ongoing RCT within the German Research Network on Schizophrenia. Eur Arch Psychiatry Clin Neurosci 254: 129–140

Gaebel W, Weinmann S, Sartorius N, Rutz W, McIntyre JS (2005) Schizophrenia practice guidelines – an international survey and comparison. Br J Psychiatry (im Druck)

Gaebel W, Jänner M, Frommann N, Pietzcker A, Köpcke W, Linden M, Müller P, Müller-Spahn F, Tegeler J (2002 First vs. multiple episode schizophrenia: two-year outcome of intermittent and maintenance medication strategies. Schizophr Res 53: 145–159

Geddes J, Freemantle N, Harrison P, Bebbington P (2000) Atypical antipsychotics in the treatment of schizophrenia: systemic overview and meta-regression analysis. BMJ 32: 1371–1376

Gitlin M, Nuechterlein K, Subotnik KL, Ventura J, Mintz J, Fogelson DL, Bartzokis G, Aravagiri M (2001) Clinical outcome following neuroleptic discontinuation in patients with remitted recent-onset schizophrenia. Am J Psychiatry 158: 1835–1842

Glenthoj B, Hemmingsen R, Allerup P, Bolwig, TG (1990) Intermittent vs. continuous neuroleptic treatment in a rat model. Eur J Pharmacol 190: 275–286

Herz MI, Lamberti JS, Mintz J, Scott R, O'Dell SP, McCartan L, Nix G (2000) A program for relapse prevention in schizophrenia. Arch Gen Psychiatry 57: 277–283

Hogarty GE, Goldberg SC (1973) Drugs and sociotherapy in the aftercare of schizophrenic patients: one-year relapse rates. Arch Gen Psychiatry 28: 54–64

Hogarty GE, Goldberg SC, Ulrich RF (1974) Drugs and sociotherapy in the aftercare of schizophrenic patients. II. Two-year relapse rates. Arch Gen Psychiatry 31: 603–608

Hogarty GE, Schooler NR, Ulrich RF, Mussare F, Ferro P, Herron E (1979) Fluphenazine and social therapy in the aftercare of schizophrenic patients: relapse analysis of a two-year controlled study of fluphenazine decanoate and fluphenazine hydrochloride. Arch Gen Psychiatry 36: 1283–1294

Hogarty GE, Ulrich RF (1998) The limitations of antipsychotic medication on schizophrenia relapse and adjustment and the contributions to psychsocial treatment. J Psychiatr Res 32: 243–250

Hogarty GE, Ulrich RF, Mussare F, Arishgueta N (1976) Drug discontinuation among long term, successfully maintained schizophrenic outpatients. Dis Nerv Syst 37: 494–500

Jeste DV, Potkin SG, Sinha S, Feder SL, Wyatt RJ (1979) Tardive dyskinesia – reversible and persistent. Arch Gen Psychiatry 36: 585–590

Johnson DAW (1979) Further observations on the duration of depot neuroleptic maintenance therapy in schizophrenia. Br J Psychiatry 135: 524–530

Kane JM (1996) Schizophrenia. N Engl J Med 334: 34–41

Kane JM (2003) Strategies for improving compliance in treatment of schizophrenia by using a long-acting formulation of an antipsychotic: clinical studies. J Clin Psychiatry 64 [Suppl 16]: 34–40

Kane JM, Rifkin A, Quitkin F, Nayak D, Ramos-Lorenzi J (1982) Fluphenazine vs placebo in patients with remitted, acute first-episode schizophrenia. Arch Gen Psychiatry 21: 82–86

Lehman AF, Lieberman JA, Dixon LB, McGlashan TH, Miller AL, Perkins DO, Kreyenbuhl J (American Psychiatric Association Steering Committee on Practice Guidelines) (2004) Practice guideline for the treatment of patients with schizophrenia, 2nd edn. Am J Psychiatry 161 [Suppl 2]: 1–56

Leucht S, Barnes TR, Kissling W, Engel RR, Correll C, Kane JM (2003a) Relapse prevention in schizophrenia with new-generation antipsychotics: a systematic review and exploratory meta-analysis of randomized, controlled trials. Am J Psychiatry. 160: 1209–1222

Leucht S, Wahlbeck K, Hamann J, Kissling W (2003b) New generation antipsychotics versus low-potency conventional antipsychotics: a systematic review and meta-analysis. Lancet 361: 1581–1589

Lieberman JA, Tollefson D, Tohen M, Green AI, Gur RE, Kahn R, McEveoy J, Perkins D, Sharma T, Zipursky R, Wei H, Hamer RM and The HDGH Study Group (2003) Comparative efficacy and safety of atypical and conventional antipsychotic drugs in first-episode psychosis: a randomized, double-blind trial of olanzapine versus haloperidol. Am J Psychiatry 160: 1396–1404

McCreadie RG, Wiles D, Grant S, Crockett GT, Mahmood Z, Livingston MG, Watt JA, Greene JG, Kershaw PW, Todd NA, et al (1989) The Scottish first episode schizophrenia study. VII. Two-year follow-up. Scottish Schizophrenia Research Group. Acta Psychiatr Scand 80: 597–602

McGorry P, Killackey E, Elkins K, Lambert M, Lambert T (2003) Summary Australian and New Zealand clinical practice guideline for the treatment of schizophrenia. Australasian Psychiatry 11: 136–147

National Institute for Clinical Excellence (NICE) (2002) Clinical Guideline 1: Schizophrenia – Core interventions in the treatment and management of schizophrenia in primary and secondary care (www.nice.org.uk)

Robinson D Woerner MG, Alvir JM, Bilder R, Goldman R, Geisler S, Koreen A, Sheitman B, Chakos M, Mayerhoff D, Lieberman JA (1999) Predictors of relapse following response from a first episode of schizophrenia or schizoaffective disorder. Arch Gen Psychiatry 56: 241–247

Rummel C, Hamann J, Kissling W, Leucht S (2003) New generation antipsychotics for first episode schizophrenia (Cochrane Review). In: The Cochrane Library, Issue 4. Wiley, Chichester

Schooler N, Davidson M, Kopala L (2003) Reduced relapse rates in recent onset schizophrenia patients treated with rsiperidone vs. haloperidol. Eur Neuropsychpharmacol 13 [Suppl 4]: S337

Wölwer W, Buchkremer G, Häfner H, Klosterkötter J, Maier W, Möller HJ, Gaebel W (2003) German research network on schizophrenia – bridging the gap between research and care. Eur Arch Psychiatry Clin Neurosci 253: 321–329

Korrespondenz: Prof. Dr. W. Gaebel, Klinik und Poliklinik für Psychiatrie und Psychotherapie der Heinrich-Heine-Universität Düsseldorf – Rheinische Kliniken Düsseldorf, Bergische Landstraße 2, 40629 Düsseldorf, Bundesrepublik Deutschland, e-mail: wolfgang.gaebel@uni-duesseldorf.de

SpringerPsychiatrie

Thomas Messer, Max Schmauß

Polypharmazie in der Behandlung psychischer Erkrankungen

2006. IX, 238 Seiten. 13 Abbildungen.
Broschiert **EUR 39,90**, sFr 68,–
ISBN 3-211-25286-X

Psychopharmaka sind integraler Bestandteil einer differenzierten Therapie psychischer Erkrankungen. Prinzipiell wird die Monotherapie empfohlen, in der klinischen Praxis werden aber überwiegend Kombinationsbehandlungen durchgeführt, obwohl nur eine geringe Zahl kontrollierter Studien zu deren Effizienz vorliegen.

In diesem Buch werden alle verfügbaren Informationen zur Polypharmazie in der Behandlung psychischer Erkrankungen zusammengefasst und kritisch kommentiert. Polypharmazeutische Kombinationsstrategien in der Behandlung schizophrener und affektiver Psychosen, organischer psychischer Störungen und Angst- und Zwangsstörungen werden umfassend dargestellt sowie der sinnvolle Einsatz bei geistigen Behinderungen, Persönlichkeits- und Verhaltensstörungen, in der Forensik sowie in der Gerontopsychiatrie und in der Konsiliarpsychiatrie diskutiert. Dieses Buch bietet erstmals einen umfassenden Überblick zu den unterschiedlichen Möglichkeiten der psychopharmakologischen Kombinationsbehandlung.

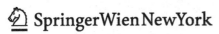

SpringerWienNewYork

P.O. Box 89, Sachsenplatz 4–6, 1201 Wien, Österreich, Fax +43.1.330 24 26, books@springer.at, **springer.at**
Haberstraße 7, 69126 Heidelberg, Deutschland, Fax +49.6221.345-4229, SDC-bookorder@springer-sbm.com, springeronline.com
P.O. Box 2485, Secaucus, NJ 07096-2485, USA, Fax +1.201.348-4505, orders@springer-ny.com, springeronline.com
Eastern Book Service, 3–13, Hongo 3-chome, Bunkyo-ku, Tokyo 113, Japan, Fax +81.3.38 18 08 64, orders@svt-ebs.co.jp
Preisänderungen und Irrtümer vorbehalten.

SpringerMedizin

Peter Riederer, Gerd Laux (Hrsg.)

Neuro-Psychopharmaka

Ein Therapie-Handbuch
Band 6: Notfalltherapie, Antiepileptika, Psychostimulantien,
Suchttherapeutika und sonstige Psychopharmaka

Zweite, neu bearbeitete Auflage.
2005. Etwa 600 Seiten. Etwa 80 Abbildungen.
Gebunden **EUR 120,–**, sFr 190,–
ISBN 3-211-22956-6
Erscheint Dezember 2005

Die ersten drei Kapitel – Neuropsychiatrische Notfalltherapie, Antiepileptika und Psychostimulanzien – wurden vollständig aktu-
alisiert und ergänzt um den Einbezug der intensivmedizinischen
Versorgung von Psychopharmaka-Intoxikationen. Angesichts der
wachsenden Bedeutung wurden im Kapitel Psychostimulanzien die
Therapiestrategien des ADHS besonders hervorgehoben.

Neu ist das große Hauptkapitel Suchttherapeutika – hier fanden in
den letzten Jahren die größten psychopharmakotherapeutischen
Innovationen und Veränderungen statt. Angesichts der Häufigkeit dieser Erkrankungen und Störungen erfolgte eine fundierte Darstellung
dieser Thematik.

Wie das Gesamtwerk folgt auch dieser Band einer stringenten
Gliederung in die Subkapitel Pharmakologie, Neurobiochemie/
Wirkmechanismus sowie Klinik – illustriert durch zahlreiche Tabellen
und Abbildungen. Übersichtstabellen der Einzelpräparate – farblich
abgesetzt mit wichtigen praktisch-klinischen Angaben zur raschen
Information – runden den Band ab.

 SpringerWienNewYork

P.O. Box 89, Sachsenplatz 4–6, 1201 Wien, Österreich, Fax +43.1.330 24 26, books@springer.at, **springer.at**
Haberstraße 7, 69126 Heidelberg, Deutschland, Fax +49.6221.345-4229, SDC-bookorder@springer-sbm.com, springeronline.com
P.O. Box 2485, Secaucus, NJ 07096-2485, USA, Fax +1.201.348-4505, orders@springer-ny.com, springeronline.com
Eastern Book Service, 3–13, Hongo 3-chome, Bunkyo-ku, Tokyo 113, Japan, Fax +81.3.38 18 08 64, orders@svt-ebs.co.jp
Preisänderungen und Irrtümer vorbehalten.

SpringerPsychiatrie

Hans-Jürgen Möller, Norbert Müller (Hrsg.)

Schizophrenie:
Langzeitverlauf und Langzeittherapie

2004. VIII, 272 Seiten. 75 Abbildungen.
Broschiert **EUR 49,80**, sFr 85,–
ISBN 3-211-40482-1

Trotz aller therapeutischen Verbesserungen, wie sie insbesondere durch die Einführung der Neuroleptika und durch die Intensivierung psychosozialer Maßnahmen erfolgten, sind die schizophrenen Psychosen noch immer die Erkrankungsgruppe aus dem Bereich der funktionellen Psychosen mit dem ungünstigsten Verlauf. Bei einer überwiegend rezidivierend oder chronisch verlaufenden Erkrankung wie der Schizophrenie müssen pathogenetische und therapeutische Konzepte diesem Verlauf gerecht werden.

Renommierte deutschsprachige Forscher beleuchten im vorliegenden Band den Langzeitverlauf der Erkrankung unter psychopathologischen und katamnestischen Aspekten. Neueste biologische, genetische und psychologische Befunde werden unter diesen Gesichtspunkten diskutiert.

Die Fortschritte der letzten Jahre in der Pharmakotherapie sowie neue Entwicklungen in der Psycho- und Soziotherapie der Schizophrenie werden von führenden Fachleuten ebenfalls in Hinblick auf die Langzeitbehandlung der Erkrankung dargestellt.

 **Springer**Wien**New**York

P.O. Box 89, Sachsenplatz 4–6, 1201 Wien, Österreich, Fax +43.1.330 24 26, books@springer.at, **springer.at**
Haberstraße 7, 69126 Heidelberg, Deutschland, Fax +49.6221.345-4229, SDC-bookorder@springer-sbm.com, springeronline.com
P.O. Box 2485, Secaucus, NJ 07096-2485, USA, Fax +1.201.348-4505, orders@springer-ny.com, springeronline.com
Eastern Book Service, 3–13, Hongo 3-chome, Bunkyo-ku, Tokyo 113, Japan, Fax +81.3.38 18 08 64, orders@svt-ebs.co.jp
Preisänderungen und Irrtümer vorbehalten.

Springer und Umwelt

ALS INTERNATIONALER WISSENSCHAFTLICHER VERLAG
sind wir uns unserer besonderen Verpflichtung der
Umwelt gegenüber bewusst und beziehen umwelt-
orientierte Grundsätze in Unternehmensentschei-
dungen mit ein.

VON UNSEREN GESCHÄFTSPARTNERN (DRUCKEREIEN,
Papierfabriken, Verpackungsherstellern usw.) verlan-
gen wir, dass sie sowohl beim Herstellungsprozess
selbst als auch beim Einsatz der zur Verwendung
kommenden Materialien ökologische Gesichtspunkte berücksichtigen.

DAS FÜR DIESES BUCH VERWENDETE PAPIER IST AUS
chlorfrei hergestelltem Zellstoff gefertigt und im
pH-Wert neutral.